U0024949

HELGOLAND
Making Sense of the Quantum Revolution

CARLO ROVELLI
卡羅‧羅維理 著

方偉達博士 譯

量子糾纏

黑爾戈蘭島
的
奇幻旅程

目錄 contents

第 1 部

一、觀察異常美麗的內飾.....033

第 2 部

二、極端思想的好奇寓言.....071

三、是否有可能存在真實的東西，與你有關係，但與我無關？.....101

目錄 contents

推薦序
量子資訊教育的奇點

國立臺灣師範大學校長／吳正己博士

　　當今科學與科技快速發展，隨著大數據的概念不斷湧出，量子科技教育已經從「資訊教育」到「資料教育」。在萬方矚目之下，這一本老少咸宜、討論量子糾纏效應的科學家故事，終於由本校永續所方偉達教授翻譯完成。本書嘗試用小說的筆法，進行「非連續性」的「離散」物理現象的描繪，人物栩栩如生。故事人物雖然龐雜，但是非常有趣，從微觀世界看待世界的功能。從科學家的故事來看，任何科技新成果的展現，都需要時代背景，以及科學家不斷的努力，並且進行反覆試驗的過程，獲取科學的新知。

　　我們從這些故事可以看到科學家的自主學習，師生的教學相長，以及跨國合作，科學家在一百年前的歐洲，透過合作關係，發

展了量子物理。國立臺灣師範大學和量子物理發源國家德國的合作關係緊密，與多所大學建立了合作關係，包括哥廷根大學、魯爾大學、明斯特大學、法蘭克福大學、柏林自由大學等，細心的讀者都可以在本書閱讀之餘，優游國際名校的視野當中。

　　本書可貴之處是深入淺出，可以提供中學以上學生閱讀的科普教科書。這是一個量子電腦和資訊教育的領先時代，量子的概念，不但是自然組學生，甚至社會組學生，都應該要瞭解的基本知識。我們看到20世紀的科學家將量子力學形塑為自然的基本理論，正等待21世紀科學家突破性的進展，希望大家在閱讀時有所收獲，未來並參與量子科技對世界的改變。

推薦序
推動技術革新的核心動力

東海大學校長／張國恩博士

　　隨著人工智慧（AI）時代的來臨，量子科學成為了推動技術革新的核心動力，從量子計算到量子加密，了解什麼是量子科學變得比以往任何時候都更加重要。本書作者卡羅・羅維理在他的最新作品《量子糾纏：黑爾戈蘭島的奇幻旅程》中，跨越了科學與文學的界限，使得《量子糾纏》不僅是一本科學書籍，更是一次思想的冒險，嘗試帶領讀者深入量子物理奧秘的經典之作。

　　羅維理是一位頂尖的理論物理學家，也是一位能夠將複雜概念轉化為令人著迷故事的傑出敘事者，他用獨特且引人入勝的方式引領讀者了解量子力學正在顛覆這個世界。在這本書中，羅維理講述了量子力學的創始人之一的海森堡，在一次假期中於黑爾戈蘭島上的靈光一閃，從而

提出了量子力學的基礎概念。這不僅是科學史上的一個重要
時刻，也象徵著人類對自然界深層次理解的一大飛躍。
羅維理以其豐富的知識背景和深刻的洞察力，揭示了
量子力學如何挑戰我們對實在、時間、空間甚至命
運的傳統觀念。

　　卡羅‧羅維理在書中總能以深入淺出的方式，帶領讀者
穿越量子物理學的迷宮，探索它如何塑造我們對宇宙的理
解。量子物理不僅是現代科學的基石，也是理解物質世界最
基本行為的關鍵。從普朗克和愛因斯坦對量子理論的早期貢
獻，到海森堡、薛丁格和玻恩對量子力學框架的發展，本書
精彩地講述了這場科學革命的歷史和發展。

　　量子物理學的奇異和非直觀特性經常令人困惑，但卡
羅‧羅維理以清晰的語言和豐富的例子，解釋了量子糾纏、
不確定性原理和波粒二象性等概念，讓讀者能夠理解這些概
念如何顛覆了我們對現實的傳統看法。透過對量子理論及其
應用的深入探討，包括量子計算、量子加密以及量子通訊，
本書揭示了量子技術如何正在開啟新的科技革命，這將極大
地影響信息處理、通訊和計算機科學領域。

　　卡羅‧羅維理不僅闡述了量子物理學的科學原理和技術
應用，還深入探討了它對於哲學、現實觀念以及我們對世界

根本性質的理解所產生的深遠影響。隨著AI的迅猛發展，量子科學在解決計算的極限、數據安全性以及算法效率方面展現出前所未有的潛力。量子計算機利用量子位元（qubits）的特性，如疊加和糾纏，能夠同時處理大量數據，為解決當前超級計算機難以克服的問題提供了新的途徑。這種跨越式的計算能力對於發展先進AI系統、處理大規模數據集、進行複雜模擬和加強加密技術等方面，將有著革命性的影響。

《量子糾纏：黑爾戈蘭島的奇幻旅程》邀請所有渴望探索宇宙奧秘的讀者們得以一起踏上這段跨越實際與想像的奇妙旅程，更可作為大眾與學生深入探討物理科技的窗口，閱讀這本書，如同開啟新的視野之窗，尤其對於希望深入了解量子物理學的科學的讀者來說，將有助於理解這個宇宙，解除對科學的疑惑與好奇心。羅維理透過他的文字，讓大家理解到科學不僅是實驗和公式，更是對世界深層次奧秘的追問和理解。

本人深刻意識到AI與量子科學在未來科技發展中的關鍵角色。隨著AI和量子技術的快速發展，全球都在積極參與這場科學的新革命，因此除了鼓勵大家閱讀，透過讀書打開一扇通往量子世界的大門，體驗那些改變我們對

世界認識的革命性發現，而教育界未來也該致力於推動 AI 與
量子科學的基礎教育，培養學生在這兩個領域的深厚知識和
實踐能力，嘗試透過整合跨學科的課程鼓勵學生探索量子物
理與人工智能的交叉應用，從而在這個快速變化的科技時代
中，透過知識的學習，共同探索宇宙的終極奧秘。

導讀

量子糾纏
黑爾戈蘭島的奇幻旅程

國立臺灣師範大學理學院副院長／傅祖怡

　　最近「量子」一詞已如「原子」或「奈米」般進入我們的生活。如何讓無意鑽研「量子力學」等高深理論的好奇者也能一窺堂奧，不致提出「一定是量子嗎？為什麼不是量女？」的問題，是所有科普推廣者的期盼與挑戰。著有《七堂簡單物理課》的義大利理論物理學家羅維理擅長用浪漫的語言，體現物理如詩般美麗的內涵，經過賽葛蕾與卡內爾的英譯，再由方偉達以中文詮釋，獻給有或沒有科學背景的讀者，讓大家能透過黑爾戈蘭島的奇幻旅程逐步掌握量子概念的精髓。

　　故事開始於23歲為過敏所擾的海森堡，避花粉於北海黑爾戈蘭島上，企圖解答波耳交給他的任務。接著，大家在課

本上讀過的偉大科學家，在此重大突破的偉大時代，逐一在此三部七章的書中登場。讀來如看一部如幻似真的電影般輕鬆自然，而重要的相關概念：觀察、測量、機率、波函數、不確定性、乃至量子、糾纏、資訊……等躍然紙上，映入人心。第一部回顧了近代物理的發現與仍存在的謎；第二部橫閱了東西各家企圖理解量子現象的描述；第三部縱覽了古今對於自然、描述對象、意義真假的理解。

就內容言，本書無疑是闡明量子世界的科普書籍。而作者的獨特寫作風格，無論文學手法或詞彙選擇，都使本書如小說般親切易懂，引人入勝。

第四章中提到：「量子糾纏是一種微妙的令人著迷的量子現象。……糾纏不是兩位舞伴的舞蹈，而是一場三位舞者的舞蹈。」當讀到這一段時，也許映入你心的是：「真是活見鬼了！」那麼，當你跟著本書完成這段奇幻旅程後，當能會心一笑。像這樣的亮點與精彩段落，在本書中俯拾皆是，等待你來發掘。

導讀不該過度爆雷，和你分享讀完本書後常常徘徊我心的文天祥正氣歌：「天地有正氣，雜然賦流形：下則為河嶽，上則為日星，於人曰浩然，沛乎塞蒼冥。皇路當清夷，含和吐明庭；時窮節乃見，一一垂丹青。……哲人日已遠，

典型在夙昔，風簷展書讀，古道照顏色。」改為量子歌吧！
「天地有量子，雜然賦流形：下則為河嶽，上則為日星，於
人曰浩然，沛乎塞蒼冥。皇路當清夷（在古典物理適用的狀
況下），含和吐明庭（也許不太重要）；時窮節乃見（在極
端的條件下就會表現出來），一一垂丹青(紛紛發表於期刊論
文上)。……哲人日已遠，典型在夙昔，風簷展書讀，古道
照顏色。（困惑時多讀書吧！有先哲前賢引路呢！）」

　　量子電腦已真實地在實驗室中發展了好幾代，筆者用來
觀察原子動態的掃描穿隧顯微鏡，利用的量子穿隧效應，對
物理系學生來說，就如同牛頓慣性定律一樣自然。何不跟著
本書來一趟奇妙的量子之旅？用微笑迎接即將到來的量子世
界。

　　　　　　於國立臺灣師範大學理學院112/11/27

譯者序

「看似不實卻又真實」的
羅維理科學觀

國立臺灣師範大學理學院副院長、永續所所長／方偉達

方偉達

　　本書作者卡羅・羅維理出生於義大利維洛納，這是一座位於義大利北部威尼托阿迪傑河畔的歷史悠久的城市，維洛納在西元2000年入選聯合國教科文組織的世界遺產。20世紀70年代，他參加過義大利大學的學生政治運動，以廣播電台播音的方式，抗議政府，在大學期間因為合著書籍《我們的事實》遭到政府指控言論犯罪，但是後來受到釋放。

　　這一位熱衷政治的熱血青年，最後將研究生命投注在最冷門的科目，量子力學。羅維理為什麼愛上量子力學呢。他當時嘗試了強烈的精神興奮劑，他回想說：「這是一次非常強烈的經歷，最奇怪的現象之一是時間停止了。腦海中的記

憶不斷流逝，但是時間不再流逝……」，他開始懷疑感知：
「什麼是正確的呢？」多年之後，當他寫了《時間的秩序：
用最尖端物理學，顛覆常識與直覺，探索時間的本質》，大
量的書寫關於自我救贖，以大量的篇幅探討人類「生也有
涯」和時間「知也無涯」之間的關係。

　　西方科學家研究量子物理的學者相當多，例如羅傑‧潘
洛斯、阿蘭‧科納、愛德華‧維騰、布萊恩‧葛林、約翰‧
拜艾茲等人，都是箇中翹楚。但是很少有學者既是量子材料
的科學家，又是科普作家，這都要和羅維理浪漫的出生環
境，以及義大利科學學者投入政治議題，特有的學養，以及
曾經進入迷幻世界的情愫有關。

　　羅維理曾經在波隆那大學念書，獲得物理學學士和碩士
學位，並且在1986年在義大利帕多瓦大學獲得博士學位，
時年30歲。21歲時曾經因為拒服兵役，被當局短暫拘留。
他曾經在羅馬大學、耶魯大學擔任博士後研究。1990年至
2000年，在匹茲堡大學歷史與科學哲學系任教。自2000年
之後，擔任法國艾克斯-馬賽大學物理理論中心教授，目前
任職於加拿大普里美特理論物理研究所首席講座。

　　羅維理在2020年出版了本書的義大利文本，2021年
英譯本由艾麗卡‧賽葛蕾（Erica Segre）和西蒙‧卡內爾

（Simon Carnell）翻譯。賽葛蕾在翻譯本書期間生病，但是克服了痛苦，和先生卡內爾繼續翻譯，賽葛蕾於2021年不敵病魔的摧殘，在辭世之前竣稿，2021年同時也是英譯本出版之年。

本書義大利文本封面，露出了詭異的黑爾戈蘭島的礁岩；英譯本則以不同的兩種同心圓，象徵了兩種的電子繞行軌道，並且產生了波的干擾現象。

本書故事描述1925年6月，在北海的一座陡峭的島嶼黑爾戈蘭島，一處非常適合隱居，發展極端思想的離群索居之地。有一位23歲的年輕人，維爾納·海森堡在1925年開始，進行了一百年前最激進的科學革命：量子物理學的發想。將近一個世紀之後，量子物理的理論已經展現了令人不安的幻影（例如說，遙遠物體的隱約關聯性）。這些都不是神話，是能夠進行實驗確認的，且在世界各國開展了技術應用。可以說，今天我們對於量子世界的認識，都是建立在這種深奧神秘的理論之上。

本書不僅以令人驚嘆的清晰度，重建了量子理論的冒險故事，以及備受爭議的科學發展史。這些物理量子理論發展的故事，其關鍵因素都在本書中唾手可得，作者以「物理詩性」的寫意觀點，建構出了物理「美麗新世界」的願景。

在這種願景之中，由物質組成的世界，有可能取代了另外
一處由物質構成的世界。然而，作者羅維理提出具有爭議性
的觀點：「這個世界是由各種關係所組成的，這些關係在無
窮無盡的鏡子遊戲中相互回應；」「這一種願景引導我們以
令人驚嘆的視角，探索尚未解決的基本問題。從探討自然的
構成，到形成自然一部分的我們自己，都需要我們好好地研
究。」筆者方偉達在進行翻譯的時候，也不禁讚嘆羅維理、
賽葛蕾，以及卡內爾的物理「詩性」，能夠將世界景象調和
到物質景觀和人類心靈之中。

此外，羅維理在量子物理界的主要貢獻是迴圈量子引
力，他用這個理論預測在非常小的尺度上面的面積和體積，
是量子化的，同時存在著離散的空間結構。如今，迴圈理論
被認為是量子引力理論中的重要理論之一，在量子宇宙學、
自旋泡沫宇宙學，以及量子黑洞物理學中，都有應用。羅維
理在2004年由劍橋大學出版的《量子引力》，以及2014年
於劍橋大學出版的《協變迴圈量子引力：量子引力和自旋
資訊理論的基本介紹》兩本專書，提出了古典力學和量子力
學，更討論了引力場的量子特性的世界。

羅維理強調：「時空本身的量子漲落，使得時間概念已
經不適合以時間演化定律的常規形式，來書寫物理定律。」

這一種像是2014年諾蘭執導《星際效應》，或是羅賓遜（Kim Stanley Robinson）以未來世紀為背景的科幻小說《火星三部曲》中，記錄了人類在火星殖民的編年史。這三本小說分別是《紅火星》，《綠火星》，以及《藍火星》。羅賓遜將羅維理寫入了小說之中，以物理學史上的歷史人物堂堂出現。在《火星三部曲》小說中，羅維理以迴圈量子引力和弦理論相結合，展現了全新世界的物理理論。現代人出現在未來世紀的教科書中，有何不可？閉上眼睛，你可以看到未來。

　　然而，羅維理的物理立場，需要面臨以下問題：「一種系統的量子狀態，如何解釋另外一種物理系統的量子狀態？」1994年，羅維理提出了關係量子力學的解釋。其理論基礎是一種系統的量子狀態，必須始終相對於另外一種物理系統。這也像是古典力學理論：「一種物體的速度總是相對於另外一種物體一樣」。在本書中，他也特別表達了關係量子力學的主要思想。羅維理針對了「相關資訊」，發表了《物理學基礎上的相對資訊》討論了：「夏儂針對兩種物理系統之間相對資訊的概念，如何作為統計力學和量子力學的基礎，而不涉及主觀主義或唯心主義……」。在2017年羅維理闡述了相關資訊的主題，寫出：「本質上，變量不是

獨立的；例如，在任何磁鐵之中，兩端都具有相反的極性。了解一種就等於了解另一種。所以，我們可以說每一端都擁有另一端的資訊。這與心理無關。這只是表示兩端的極性之間，存在必然關係的一種方式。我們說，只要一種系統的狀態，受到另一種系統狀態的約束，兩種系統之間就存在相對資訊。從這個精確的意義上來說，物理系統可以說具有彼此的資訊，不需要心靈發揮任何作用。這種相對資訊，在自然界中無處不在：光的顏色攜帶了有關光反射的物體的資訊；病毒攜帶附著的細胞的資訊，神經元攜帶了彼此的資訊。由於世界是相互作用事件的交織總體，因此充滿了相關資訊。當這些資訊為了生存而進行利用，受到我們的大腦的廣泛闡述，可以用社區理解的語言進行編碼時，就變成了精神的用語，並且獲得了我們通常賦予資訊概念的語義權重。」

在新冠疫情肆虐人間二年，我們戰慄欲墜。但是，我們在此彷彿看到了一座羅維理努力建立的精神指標，這座指標指向明燈。人類世處境雖然處於搖搖欲墜，並且風雨飄搖。萬事萬物看似藕斷絲連，卻是一脈相連。在這種薄弱的網路世界關係之中，我們好像面對的是一種冷漠、無關，以及剝離的碎裂世界；但是，展現在我們面前的，卻是浩浩湯湯、橫無際涯的浩瀚實體。這就是羅維理想要告訴我們的事情。

　　羅維理又說：「但是基本成分就在物理世界之中：具有不同變量之間的物理相關性。物質世界，並不是一群自私自利、做著自私事情的實體，是一種緊密相連的關聯資訊網。每種人的狀態，都反映了其他人的狀態。我們根據這些關係網，而不是個人行為來理解物理、化學、生物、社會、政治、天體物理，以及宇宙學系統。物理相關資訊，是描述世界的強大基本概念。在能量、物質，甚至是實體之前。」

　　對於羅維理來說，科學就是一種不斷探索嶄新的世界觀過程；這是他通過大學時代「習得性反叛」（learned rebellion）所學習的事物，建立仰賴於先備知識，但同時不斷地質疑科學學習的過程，並且不斷的進展。針對羅維理的理論，屬於一種「看似不實，卻又真實」的科學觀，其科學思維基於針對真理的不斷質疑。

　　因此，羅維理認為，這種「世界衝突的根源，來自於宇宙的擴張」，這兩句話的衝突，來自於第二句話「自然科學」的邏輯，以第一句話「社會科學」進行詮釋。他想要將「自然科學」的邏輯，融入到人類世「社會科學」的人性之上。因此，羅維理又很謙遜地認為，我們需要接受我們自己在「科學基礎上的無知」，因為人類的渺小；很多科學人看到毫無邏輯的這幾句話「世界衝突的根源，來自於宇宙的擴

張」，都會不明白羅維理所要表達的意思；所以，在複雜的
政治環境之中，撈過界的羅維理，才會引起西方世界許多針
對性言論之間的尖銳討論。

　　2021年，羅維理邀請了包括達賴喇嘛在內的五十多位諾
貝爾獎獲獎者，以及義大利、法國、奧地利的國家科學院院
長，共同簽署一封公開信，提出「全球和平紅利」（Global
Peace Dividend），呼籲所有國家通過談判，在未來五年內
每年平衡削減百分之二的軍費開支，並將節省下來的錢的一
半存入聯合國基金，以對抗流行病、氣候危機，以及極端貧
困問題。

　　根據「斯德哥爾摩和平研究所」的資料，2022年世界軍
費開支實際增長百分之3.7％，達到22,400億美元的歷史新
高。2013年到2022年十年之間，全球支出增長了19%，並
且自2015年以來每年都在增長。2023年他在羅馬舉行的義
大利勞動節音樂會上發表政治演講，邀請年輕人為環境、經
濟平等，以及和平參與政治，引起了很大的迴響，同時也引
發了義大利政府的側目和戒心。

　　過去讓羅維理目眩神迷的量子物理，已經是普羅大眾都
可以瞭解和描述自然的基本理論。量子物理並且衝擊了古典
物理學的基礎，促進物理學導入到了微觀層面，也讓現代物

理學益發豐富多彩。

　　但是到了現在，物理學家關於量子力學的一些假設，仍然充滿了不確定性，仍有很多需要研究的地方。如果說量子電腦（Quantum computer）是未來主流的運算工具，隨著全球對於量子科技高速運算的需求，年輕學子都必須了解了解量子物理，以掌握量子科技使用在和平產業上的契機，為華人世界再次創造量子力學半導體產業的矽島奇蹟。

　　這也是繼翻譯者方偉達在2005年為愛因斯坦發表相對論，紀念現代物理大發現一百週年，獨立創作小學生習作《物理人才e起來：世界物理人才發現計畫DIY手冊》套書之後，對於中學生以上的科學愛好者，又一次的科學啟蒙和學習加值。

　　因此，這一本書的中文翻譯本，嫁接在西方哲學和東方哲學的基礎之上，來的正是時候。感謝國立臺灣師範大學理學院副院長、物理系教授傅祖怡字字斟酌、殫精竭慮，完成這部鉅著的審閱和校正。

凝視深淵

查斯拉夫和我坐在距離海濱幾步之遙的沙灘上。我們已經激烈地交談了幾個小時。我們在會議下午休息的時間,來到與香港島遙遙相對的南丫島。查斯拉夫是全球著名的量子力學專家。在會議中,他提出了對於複雜思想實驗的分析。穿越在沿海叢林通往海岸的路徑上,我們反覆討論了實驗,然後來到海邊。最後,我們基本達成一致的決議。在海灘上,我們看著海洋,沉默良久。「這是真的難以置信,」查斯拉夫低聲說道:「我們能相信這一點嗎?就好像現實……從未存在過……」

這就是我們量子所處的階段。經過一個世紀巨大的勝利,為我們帶來了當代技術和20世紀物理學的基礎之後,這個名列科學史上最偉大成就之一的理論,現在使我們充滿了驚訝、困惑,以及難以置信。

曾有一段時間,世界的規則似乎很清楚:在現實的多樣

化形式的根源之上，只是藉由幾種力引導的物質粒子。人類認為自己揭開了「摩耶的面紗」，看到了真實的基礎，但這並沒有持續多久，因為與事實並不相符。直到1925年的夏天，一位23歲的德國人，在北海一座強風吹撫的黑爾戈蘭島嶼上度過了焦慮孤獨的數天之後。這一座島嶼，英語中也稱為海姑蘭島──神聖的島嶼。在那裡，在島上，他發現了可以解釋所有既定事實的想法，建立了量子力學結構的數學模型，成為了「量子理論」。也許這是有史以來，最令人印象深刻的科學革命。這位年輕人的名字叫維爾納・海森堡，本書所講述的故事，就是從他開始的。

量子理論闡明了化學的基礎，包含了原子功能、固體功能、電漿功能，甚至於天空的顏色、星星的動態、星系萬物的起源，乃至世界的千萬面向。量子理論，不管是從電腦到核能，都形成了我們最新技術的基礎。工程師、天體物理學家、宇宙學家、化學家，以及生物學家，每天都在使用它；量子理論的基本原理已經納入了高中課程，從來都沒有出錯。這是當今科學仍舊跳躍的心臟。然而仍然非常神秘，令人微妙地不安。

量子理論破壞了原有依據既定軌道移動的粒子所組成的現實形象──然而，這種理論也澄清了我們應該如何看待世

界。它是數學不能描述的現實。遙遠的物體，似乎神奇地連繫起來。物質被幽靈般的機率波所取代。

凡曾停下來自問「量子理論到底告訴了我們關於現實世界的哪些事」的人，依舊感到困惑。愛因斯坦儘管預見了一些想法，後來將海森堡引導到正確的道路上，但他自己永遠無法消化。20世紀後下半葉偉大的理論物理學家理查德・費曼曾寫道，沒有人理解量子。

但這就是科學的全部意義：探索概念化世界新穎的方法，而且有時候是激進的新方法。這是一種不斷質疑我們概念的能力。這是一種具有反叛、批判精神的遠見力量，能夠修改自身的概念基礎，能夠從頭開始重新設計我們的世界。

如果量子理論的奇怪之處，讓我們感到困惑，那麼它也開啟了理解現實的新視角。現實比空間粒子簡單的唯物主義，更加地微妙。現實是由關係，而不是由物體所組成的。

該理論提出了重新思考從現實結構到經驗本質，甚至是從形而上學到意識本質的大哉問。今天這一切都是科學家和哲學家之間最激烈的爭論。我在接下來的章節中會談論這一切問題。

在貧瘠、荒蕪、飽受北風摧殘的黑爾戈蘭島上——維爾納・海森堡揭開了面紗。無涯深淵敞開了。這本書是從海森

堡在島上孕育萌芽思想的故事談起，並且闡述量子實體結構
發現之後，衍生出更大的問題。

历

　　我寫這本書，主要是為了那些不熟悉量子物理、但對於
量子物理學感到興趣，並且願意努力嘗試了解的人。我盡可
能解釋量子物理是什麼，或是意味甚麼。我盡可能寫得簡潔
精煉、直搗核心，省略不重要的細節問題。我試圖盡可能清
晰地闡述科學中晦澀難懂的核心理論。也許更確切地說，我
除了解釋如何了解量子力學之外，同時也解釋一下為什麼量
子物理這麼難理解。

　　但是我寫這一本書時，也考慮到了科學家和哲學家的同
事們，他們越深入研究理論，越感到困惑—— 使他們能就這
個令人驚奇的物理，持續進行對話。本書的註釋是特別為了
那些已熟悉量子力學內容的讀者提供的，這些註釋可使內文
更精確。至於內文，則著重在可讀性。

　　理論物理研究的目標，是為了理解空間和時間的量子本
質：讓量子理論和愛因斯坦的發現一致。為此，我發現自己
不斷地思考量子物理。這一本書代表了我到目前為止所企盼

的目標。本書並不會忽略其他學者的意見，但也有它自己堅持之處：以我認為最有效的觀點為中心，開闢了最有趣的道路：量子理論的「關係」解釋。

在我們開始之前，我得先提出警告。我們不知道的深淵，總是吸引著我們，而且令人眼花撩亂。但是要認真地思考量子動力學，反思其含義，這是一種近乎迷惘的體驗：我們有時還得放棄我們曾經顛撲不破的、對於這種世界的理解信念。無論如何，量子動力學無法言喻，無法體會。當我們被問到接受現實可能性之時，這些想像，當然和我們過去所經驗的截然不同：凝視深淵，不用擔心陷進深不可測的深淵。

—— 里斯本、馬賽、維洛納、倫敦、安大略，2019–2020

第1部

一、觀察異常美麗的內飾

年輕的德國物理學家，是如何想到這種想法，確實是很奇怪。

他這種對於世界的描述，非常之好——

但是巨大的困惑隨之而來。

1.
年輕海森堡的荒謬想法：
觀察結果

當我的計算的最終結果，就在我面前的時候，
已經是凌晨三點鐘左右了。我感受到巨大的震撼。
我激動不已，無法成眠。
於是我離開了家，開始在黑暗中慢慢行走。
我攀爬上了一座島上的岩石的頂端，俯瞰大海，
等待太陽升起 1……

我經常想知道，在這座貧瘠、狂風肆虐，飽受摧殘的北海黑爾戈蘭島上，當年輕的海森堡攀爬到了那塊俯瞰大海的岩石時，面對浩瀚無垠的大海，看著浪花拍打，等待日出，他當時的想法和情緒是甚麼。他才剛剛經歷過人類首度目睹的一個極其宏偉的大自然奧秘。那年，他才23歲。

他躲在黑爾戈蘭島上，設法減緩困擾他的過敏症狀。——黑爾戈蘭島這個名字的意思指的是擁有美德的神聖

島嶼——島上沒有樹木，也沒有引起過敏的花粉。正如喬伊斯在《尤利西斯》中所說的那樣：黑爾戈蘭島只有一棵樹。也許這是關於可怕的海盜斯托特貝克躲在島上的傳說，他年輕時就愛上這一座島，也牢記在心中。但是海森堡來到這裡的主要原因，是為了解決尼爾斯·波耳（Niels Bohr）所交給他的題目，這個題目每天都困擾著他，他沉浸在這個緊迫的題目，不斷地思考。他睡得很少，他善用獨處的時間，試圖計算出可以證明波耳曾經發現難以理解的定理。每隔一段時間，他會休息一下，爬過島上的岩石，或是學習背誦歌德《東西詩集》中的詩歌。德國最偉大的詩人歌德，歌頌他對於伊斯蘭教濃郁之愛的詩篇。

尼爾斯·波耳已經是一位著名的科學家。他寫了簡單，但是奇怪的公式，甚至在測量化學元素之前，就可以預測了元素的屬性。例如，加熱時確定元素發出的光的頻率：預測呈現的顏色。這是一項了不起的成就。然而，這些公式並不完整。例如，沒有給出發射光的強度。

但是最重要的是，這些公式有一些假設實在是很荒謬。在某些精確的軌道上，原子中的電子以精確的距離，環繞原子核運行；並且具有一定精確的能量——但是，電子會從一個軌道到另一個軌道，神奇地「跳躍」。這是第一次看到了

量子跳躍。為什麼這些軌道會跳躍？為什麼會出現這些不協調的「跳躍」，從這個軌道，跳躍到另一個軌道？什麼樣的力量，可能會導致這樣的奇怪行為？

原子是一切事物的基石。原子是怎麼做到的？電子如何在其內部移動？科學家們原來在20世紀初，就一直在思考這些問題。十多年了，卻一事無成。

波耳就像是位在自己工作室裡的文藝復興時期大師級畫家，他在哥本哈根聚集了他能找到最優秀的年輕物理學家前來他身邊，共同研究宇宙中原子的奧秘。其中包括才華橫溢的沃夫岡・包立（Wolfgang Pauli）—— 他是海森堡聰明、但相當傲慢的朋友，也是以前的同學。但是包立推薦了海森堡。包立對偉大的波耳說，要取得任何真正的進展，需要找海森堡。波耳採納了他的建議，並且在1924年的秋天，將海森堡從哥廷根帶到哥本哈根。海森堡在哥廷根擔任物理學家馬克斯・玻恩（Max Born）的助理。海森堡在哥本哈根待了幾個月，在黑板滿滿的公式前，與波耳討論。年輕的徒弟和師父一起在山中散步，談論原子之謎；以及關於物理學和哲學2。

海森堡全心投入到這個令他困擾的題目之中。他和其他人一樣，已經嘗試過一切解決方法，但是都沒有用。這好像

沒有什麼合理的力量，能夠引導電子以一種獨特的跳躍方式，進入波耳所發現的奇特軌道。然而，那些軌道和跳躍，確實導致了對於原子良好的準確預測現象，這讓人十分困惑。

絕望促使我們會尋找極端的解決方案。在北海上那個島嶼，完全與世隔絕，海森堡決心探索更激進的想法。

畢竟，在20年前，愛因斯坦正是以激進的想法，震驚了全世界。愛因斯坦的激進主義奏效了。包立和海森堡都開始迷戀物理。愛因斯坦對他們來說，是一種傳奇。也許有時間，他們會自己問自己，來吧，冒險邁出激進的一步，以擺脫原子中電子的僵局？他們可以接受嗎？當你20幾歲的時候，你是可以自由地夢想。

愛因斯坦已經表示，即使是我們最根深蒂固的信念，也有可能是錯誤的。 現在對我們來說，最明顯的是結果可能並不正確。放棄那些看似不證自明的假說，會更好理解。愛因斯坦教導我們一切都應該基於我們所看到的，而不是基於我們假設的情況。

包立向海森堡重複了這些想法。兩位年輕人已經深深地喝下了這種有毒的蜂蜜。他們曾經在討論現實與經驗之間的關係之後，設法學習奧地利和德國哲學。20世紀初的恩斯

特・馬赫（Ernst Mach），曾經對於愛因斯坦產生了決定性的影響。馬赫堅持認為，知識必須完全基於觀察，不受任何隱含的「形而上學」假說的影響。這些是年輕的海森堡的思想中，各種想法匯聚在一起的聚合物，就像是炸藥中的化學成分。1925年夏天，他來到了黑爾戈蘭島。

他想到了這個主意，這是一位年輕人不受約束的激進主義想法。這個想法將徹底改變物理學——連同整個科學和我們對於世界的看法。我相信，人類甚至還沒有辦法完全吸收。

海森堡的跳躍，既大膽又簡單。沒有人能夠找到這一種引起奇怪電子行為的力量。好吧，讓我們停止尋找這一股新的力量吧。讓我們用我們熟悉的力來代替：電力。這是將電子與原子核結合的力。我們找不到新的運動定律，來解釋波耳的軌道和他看到的跳躍？ 好吧，讓我們堅持我們熟悉的運動定律，但是別改變它。

取而代之的，讓我們改變對電子的看法。放棄描述電子的運動。**只描述我們能夠觀察到的**：電子發出的光。讓我們

基於可觀察的量，就是這一個概念。

海森堡試圖重新計算電子行為，運用可觀察的量：電子頻率和發射光的振幅。

我們可以觀察電子從一處波耳軌道，**跳躍**到另一個軌道的影響。海森堡取代物理變量值，用**數字表**。這些數字列表中，電子會離開行所代表的軌道，抵達列所代表的軌道。數字列表中的每個某行某列的欄位：描述了從一個軌道到另一個軌道的跳躍。他在島上的所有時間，都試圖採用這些表格，來計算並且證明波耳規律的合理性。他睡得不多，但是他沒有辦法對於原子中的電子進行數學計算：這太難了。他試圖採用更為簡單的系統進行解釋。選擇一個鐘擺，以更簡單的情況之下，尋找波耳規律。

6月7日，事情發生了：

當第一項公式似乎正確計算出波耳規律時，我很興奮，但是又犯了一項數學錯誤。結果到了凌晨三點左右，當我的計算結果擺在面前之時，從各方面來說，都是正確的。突然之間，我對這個結果不再有任何懷疑——我的計算得出的新的「量子」力學的有效描述。

起初，我深感震驚。我曾經有過一種超越事物的表

面，並且開始觀察異常美麗內飾的感覺。我一想到就感到頭暈。現在我必須研究這些大自然豐富的數學結構，它如此慷慨地展現在我面前。

這一項發現讓人屏息凝神。超越事物的表面，「異常美麗的內飾」……海森堡的話，引起了共鳴。就像是伽利略第一次看到數學時寫的那些話——在對物體沿斜面的測量中，出現了規律性：他發現了人類有史以來第一次的數學定律。描述了地球迄今以來，物體的運動定律。沒有什麼比看到數學定律，感覺更好的了。因為混亂的表象背後，總隱藏著數學法則。

ϧϧ

6月9日，海森堡離開了黑爾戈蘭島，返回哥廷根大學。他將結果送交給他的朋友包立並評論說：「對我來說，一切仍然相當模糊和不很清楚，但似乎電子沒有在軌道上移動。」七月九日，他將自己的作品寄給了馬克斯・玻恩，他過去的指導教授，並且附上一張紙條，上面寫著：「我寫了一篇瘋狂的論文，卻沒有勇氣投稿出版。」他希望玻恩閱

讀，並且提供建議。

7月25日，馬克斯·玻恩親自將海森堡的作品寄到科學期刊《物理學雜誌》[3]。玻恩已經看到了他的年輕助理邁出這一步的重要性。他試圖澄清問題。玻恩讓他的學生帕斯夸爾·約爾旦（Pascual Jordan）參與，試圖依序整理海森堡的古怪結果[4]。就海森堡而言，他試圖讓包立參與進來，但是包立就是不相信：這一切在他看來，就像一場數學遊戲，過於抽象和深奧。起初，只有三個人進行理論工作：海森堡、玻恩，以及約爾旦。

他們奮力拼搏，在短短幾個月的時間之內，建立新穎機制的整體正式結構。這很簡單：作用力與古典物理學中的作用力相同；這些方程式與古典物理學的方程式相同（加上一個星號*，我稍後會談到）。但是變量由數字表，或是「矩陣」所取代。

历历

為什麼要用數字表？根據波耳的假說，我們觀察到原子中的電子，從一個軌道跳躍到另一個軌道，放射出光的能量，電子跳躍時，涉及到兩個軌道：電子離開的軌道，以及

跳躍後抵達的軌道。

海森堡的想法，是寫出所有的數量，描述電子的運動——包含了位置、速度、能量——這不再是一堆數字，而是數字表。我們不再為電子放在一個單一的位置 X 上，而是用一整張的數字表，放入可能跳躍的位置X：這些都是每個可能的位置。這個想法是繼續使用同一個方程式。在表中，只需替換尋常的數量（位置、速度、能量，以及軌道頻率

電子抵達軌道					
		軌道1	軌道2	軌道3	軌道4	……
電子離開的軌道	軌道1	X_{11}	X_{12}	X_{13}	X_{14}	……
	軌道2	X_{21}	X_{22}	X_{23}	X_{24}	……
	軌道3	X_{31}	X_{32}	X_{33}	X_{34}	……
	軌道4	X_{41}	X_{42}	X_{43}	X_{44}	……
	……	……	……	……	……	

海森堡矩陣：這一張數字矩陣表示電子的位置。 例如，數值X23，指的是從第二軌道跳躍到第三軌道。

---

* $XP - PX = i\hbar$

等）。電子跳躍時，所發出光的強度和頻率，將會由表格中相對應的小格子中的數值所確定。能量對應的表格，只有在對角線上的數值，以賦予波耳軌道上的能量值。

明白了嗎？不很明白。這些描述很難懂，像柏油一樣不清晰。

然而，這一種採用表格式的荒謬替代變量策略，讓我們能夠計算出正確的結果，同時預測了實驗中觀察到的結果。更令哥廷根這三位學者驚訝的是，年底前，玻恩收到一封年輕的英國人郵寄來的文章，採用的理論比他們構建的數學語言更為簡略，甚至比哥廷根的矩陣更為抽象 5。

這一篇文章的作者是保羅・狄拉克（Paul Dirac）。到了六月，海森堡到英國演講，最後他提到了量子跳躍想法。狄拉克就坐在觀眾席中，但是聽累了，什麼也聽不懂。後來狄拉克透過了指導教授，收到了海森堡寄來的第一篇論文，發現難以理解。狄拉克讀了之後，認為是無稽之談，拋到了旁邊。但是幾週之後，當他在鄉村散步時，反思這一點，他感到海森堡的矩陣，相似於他過去修過的課程中，曾經研究的東西。但是具體內容他不記得了，等到週一圖書館開門之後，當精神好一點之後，重啟了是不是落在哪一本書中的想法 6……。簡而言之，狄拉克在英國獨立建構了和哥廷根三

位學者相同的完整理論。

剩下要做的，就是要將新的理論應用到原子中的電子，看看是否真的有效。真的會產生所有波耳軌道嗎？

這些計算起來相當困難，這三位學者都無法完成。他們向包立求援，包立是他們之中最聰明的，也是最傲慢的傢伙。他挖苦說：「對於你們來說，這確實是很難的計算」7。數週之後，他以雜耍般的技巧完成了8。

最後的結果完美。採用海森堡、玻恩和約爾旦的矩陣，計算的能量值，恰好是波耳的假設。這依據了波耳針對原子定義的奇特原則，同時也遵循了新的規律。但這些定義並未涵蓋全部。理論上還應該考慮計算發射光的強度，但是這是波耳原則做不到的。這些結果證明和實驗結果完全一致！

這是一次徹底的勝利。

愛因斯坦在給玻恩的妻子海蒂的信中寫道：

「海森堡和玻恩的想法，讓每個人的心懸在哪兒，並且吸引了任何對於理論有興趣的人」9。愛因斯坦並且寫給老朋友米歇爾‧貝索（Michele Besso）的一封信中說：「最有趣的近代的理論，是海森堡-玻恩-約爾旦關於量子狀態的理論：真正神奇的計算」10。

大師波耳多年之後回憶道：「我們在時間長流之中，只

是一個模糊的希望,也就是能夠達到對於理論的重新表述,其中不合原則的古典思想,將逐漸遭到淘汰。考慮到計畫的艱澀程度,我們都對海森堡感到非常欽佩,當時他才23歲,就成功地一舉完成」11。

除了玻恩40多歲,海森堡、約爾旦、狄拉克,以及包立都是20多歲。在哥廷根,他們的物理學稱為「肯拿本速客」（Knabenphyk）,或是「男孩物理學」。

历历

16年之後,歐洲正處於另一個世界大戰的陣痛之中。海森堡現在是一位著名的科學家。希特勒分配給他的任務是運用他的原子知識,建造能夠贏得戰爭的原子彈。海森堡搭乘火車,前往被德國軍隊占領的丹麥哥本哈根,拜訪他的老老師。老師傅和年輕人在一起聊天,分開之前,雙方還是不了解彼此。海森堡後來說他找到波耳,討論可怕的武器前景的道德問題,但是很多人不相信他。不久之後,英國突擊隊在一場突擊之中綁架了波耳（有獲得波耳本人同意）,帶出丹麥的德國占領區。他被帶到英國,並且由英國首相丘吉爾親自接見—— 然後前往美國。在美國,波耳的知識被運用到下

一代量子物理學家，他們學會使用操縱原子的理論。後來，廣島和長崎遭到轟炸夷平了。20萬居民—— 包括男人、女人，以及孩子—— 在不到一秒的時間之內遭到屠殺。今天我們生活在我們的城市之中，和數以萬計的核彈頭共存。如果有人失去理智，或是犯了錯誤，這些彈頭足以毀滅我們星球上的全部生命。

「男孩物理學」的毀滅性力量，舉世有目共睹。

劤

值得慶幸的是，除了武器之外，還有更多東西。量子理論已經應用於原子、原子核、基本粒子、化學物理、固態物理、液體和氣體材料、半導體、雷射、太陽恆星物理學、中子星、原始宇宙，以及星系形成物理學等。這個清單連篇累牘，可以多上好幾頁。量子理論讓我們能夠了解整體自然領域，從元素週期表，到醫學的應用，啟動拯救了數百萬人的生命。量子學說曾經預測過去未曾想像過的新現象：數百公里以外的量子相關性、量子電腦、量子瞬移……。所有的預測都證明是正確的。一個世紀以來，量子理論摧枯拉朽，成功從未間斷，並且一直持續到了今天。

海森堡、玻恩、約爾旦，以及狄拉克的計算方法，「限制自身於可以觀察的現象」的奇怪想法，並用矩陣代替物理變量12，從來都沒有錯過。這是唯一到了現在，還沒有被發現是錯誤的基礎理論——而且，我們仍然不知道其這個理論的侷限性。

历

但是，為什麼當我們沒有觀察電子的時候，我們無法描述電子在那，以及電子在做什麼呢？為什麼我們必須只能談論「可以觀察到的電子現象」？為什麼當電子從一個軌道，躍遷到另外一個軌道的時候，我們可以談論結果，但是我們不能說出電子在任何時空的位置？用「表格」代替「數字」是什麼意思？

「對我來說，一切都還很模糊不清，但似乎電子不再是在軌道上移動」？海森堡的朋友包立這樣評價他：「他的推理方式很糟糕，他只靠直覺。他不注重闡述假設的清楚基本原理，以及與現存的系統理論……。」

維爾納・海森堡在北海島上醞釀撰寫的知名文章，揭開了序幕，他開宗明義說：「本工作之目的，係為量子理論奠

定基礎，完全基於數量之間關係的力學，原則上是可以觀察到的。」

可觀察到的？大自然關心什麼，是否有人觀察，還是沒有人觀察？

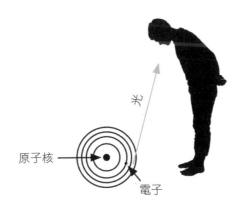

這個理論沒有告訴我們，電子在跳躍過程中如何移動。只告訴我們當它跳躍時我們看到了什麼。為什麼？

2.
埃爾文·薛丁格的誤導性ψ：機率

　　1926年的翌年，一切似乎都變得更清楚。奧地利物理學家歐文·薛丁格（Erwin Schrödinger）成功地計算出和包立相同的結果。他計算出波耳所說的原子中的能量，但是以完全不同的方式計算。奇怪的是，這個結果也不是在大學系所或是實驗室中獲得的：薛丁格和秘密情人在瑞士阿爾卑斯山度假時，實現了此一目標。薛丁格在維也納自由主義，以及20世紀初輕鬆氛圍的環境中成長，才華橫溢、魅力非凡的薛丁格始終同時維持著許多女朋友的關係——而且這些都不是秘密，他癡迷於青春期的女孩。多年之後，儘管他已經是諾貝爾獎獲獎者，他在牛津大學的職位卻變成了站不住腳，因為即使英國人對於他的怪癖，也是坐立難安。

　　當時薛丁格和妻子安妮住在一起，他的情人希爾達卻懷孕了。希爾達是薛丁格助理的妻子。在美國，事情發展更糟：在普林斯頓大學、薛丁格、安妮、希爾達，想和小露絲

住在一起，當時私生女小露絲誕生了。但是常春藤盟校，還沒有為這樣的家庭做好準備。為了尋找可以接納他們的自由之地，他們搬到了都柏林——但是當薛丁格在生了兩個孩子之後，最後還是和他兩位學生陷入了醜聞風暴之中。薛丁格妻子安妮評論說：「你知道和金絲雀生活在一起，比和一匹賽馬生活在一起更容易，但是我更喜歡一匹賽馬。」13

　　1926年，陪他在山中度假的情人身分是誰，仍然是個謎。我們只知道她是薛丁格在維也納時的老朋友。傳說當他在思考時，只帶著他的愛人，用兩顆珍珠塞住耳朵，保持清靜，以及帶著一篇年輕的法國科學家路易·維克多·德布羅意的論文，那是愛因斯坦建議他閱讀的論文。德布羅意的論文，檢驗了電子等粒子的觀點，實際上可能是波——就像海浪，或者是電磁波。這和其他理論進行類比，事實上這個理論相當模糊，德布羅意認為有可能將電子視為運動中的小波。

　　波與波之間，存在著什麼樣的關係？是否會展開，並且在粒子之間，保持緊湊關係，遵循著固定的、有限定義的軌跡？你可以想像一束雷射光：似乎遵循一條整齊的軌跡，就像一束粒子群。但是由光構成的，光是一種波，一種振盪的電磁場。在此，我們所描述的精確光線，只是一種在近似和

隱晦之中，擴散和傳播的軌跡線。

　　薛丁格認為基本粒子的軌跡行為也是近似的，他對於這種想法著迷14。他曾經在一次演講之中，談到過這一種想法。在蘇黎世舉行的研討會，曾經有一位學生問這些波是否服膺於方程式。在深山中，他耳塞珍珠，在享受浪漫之餘，薛丁格和他的維也納朋友，從波方程到沿著光線的軌跡，巧妙地進行了工作15。以雜耍般的方式，呈現出電子波發射時，必須要滿足的方程式，是建構在一個原子之中。他研究了這個方程式的最適解，並計算出來……正是波耳能量16，哇！

　　了解了海森堡、玻恩，以及約爾旦的理論之後，薛丁格成功地證明了：從數學的角度來看，這兩種理論本質上，是等價的，他們都預測到相同的數值17。

肋

　　波的概念如此簡單，以至顛覆了哥廷根小組深奧推測的觀測量。就像哥倫布的蛋（Columbus' egg）：海森堡、玻恩、約爾旦，以及狄拉克建構了一種複雜而晦澀的理論，只因為他們走了一條漫長而曲折的道路。但是事實上更為簡

單：電子是一種波。就是這樣。「可觀察」與此無關。

薛丁格也是20世紀初期維也納哲學和知識界活躍的人物：他是哲學家漢斯・賴興巴赫的朋友，他很著迷亞洲的思想，特別是印度教吠檀多派；正如愛因斯坦著迷於叔本華的哲學，這些哲學將世界解釋為一種「表象」。無拘無束，因循守舊，不畏懼於傳統「其他人會怎麼想」的觀點。他毫不猶豫地採用了波的世界，取代了固態物質的世界。

在命名他的波時，薛丁格使用希臘字母 psi：ψ。ψ的量，也稱為「波函數」18。他神乎其技的計算，似乎清楚地顯示，微觀世界不是由粒子所組成的：是由ψ波所組成。環繞著原子核中，沒有圍繞軌道運行的物質微粒，而是薛丁格波進行連續波動，就像是波浪一樣，當風吹過的時候，小湖的表面會泛起波紋。

這種「波動力學」，與哥廷根的「矩陣力學」相比，立刻顯得更具有說服力。即使兩者都進行同樣的預測，薛丁格的計算比包立的計算更為簡潔。20世紀上半葉的物理學家熟悉波動，以及波動方程式；他們並不熟悉矩陣，我們今天稱之為「線性」的數學代數。知名物理學家當時評論：「薛丁格的理論讓我們鬆了一口氣：我們不再需要學習矩陣的特別數學方法」19。

最重要的是，薛丁格的波很容易想像，並且可以視覺化。波動展現了海森堡想要隱藏的「電子軌跡」的含義。電子只是一種傳播的波浪，如此而已。這就是為什麼電子沒有軌跡線。

薛丁格似乎在各方面都取得了勝利。

$$\text{fff}$$

但這是一種錯覺。

海森堡立即發現薛丁格波錯誤概念的清晰度，只是海市蜃樓。波早晚會傳播出去，並且在空間上擴散，但是電子不會。當電子到達某個地方時，總是完整地到達一個單獨的點位。如果一個電子從原子核中釋出，薛丁格的方程式會預測 波會擴散，並且均勻地穿越過空間。但是當電子顯示出來時；例如，透過探測器偵測，或是通過電視螢幕偵測，電子會到達一個單獨的點位，而不是在空間中散開。

薛丁格波動力學的討論，瞬間熱絡了，然後突然變成一株毒草。海森堡發現他的重要發現受到忽略：「我思考越多薛丁格理論的一部分，就覺得越來越厭惡。」而薛丁格關於可視化的描述「有可能不正確，換句話說，這是垃圾」[20]。

薛丁格試圖機智地反駁：「我無法想像電子就像跳蚤一樣會跳躍」[21]。

但是海森堡是對的。哥廷根的矩陣力學，比波動力學更清楚展現這個事實。這是另外一種計算工具，可以產生正確的數字，有時候更容易使用，但是並不會像是薛丁格希望可以清楚、立即地描述當時所發生的情況。波動力學其實就像海森堡的矩陣一樣，晦澀難懂。如果每次我們在一個點位上，看到一個電子，這一個被看到的電子，怎麼能說是在空間中擴散的波呢？

多年之後，薛丁格成為了對於量子問題最敏銳的思想家之一，他承認自己的失敗。「有那麼一刻，」他寫道，「當波動力學的創造者（他是說自己；不然還有誰？）產生了已經解決了量子理論的不連續性問題的錯覺。但是從理論方程式中，這些已經消除的不連續性，又重新出現，這就是面對理論之時，我們所遇到觀察到的情況」[22]。

我們再次回到了可以「觀察」之處。在此，再度拋出了一個問題：大自然知道了什麼；或是大自然是否關心我們，是否正在觀察大自然？

ᛒ

　　馬克斯‧玻恩——又是他——第一位明白了薛丁格ψ
的重要性，他添加一個關鍵理解量子物理學的重要組成部
分23。玻恩帶著一種嚴肅，但有些老派工程師的氣質，是量
子力學原創者中最不張揚、最不為人所知的創始者之一，但
也許正是量子力學這個理論真正的建構者。正如他們所說，
「研究團隊中唯一的長者」，這也幾乎是字面上的意義。1925
年量子現象正創造了一種全新的機制；正是他將這一種想
法，灌輸給年輕物理學家。玻恩立即認識到了海森堡當初備
感困惑計算的正確性，他設法轉譯變成一種真正的理論。

　　玻恩明白的是，薛丁格ψ波在空間中點位的價值，和觀
察到的的電子機率有關24。如果一個原子發射出電子，並且
被粒子探測器包圍，存在於檢測器的值，決定了該檢測器
的機率。ψ值是這一台探測器，而不是另一台探測電子的探
測器所探測的。因此，薛丁格的ψ，並不是實體所偵測的真
實數值：ψ是一種計算工具給定的機率。這就像天氣預測一
樣，告訴我們明天會發生什麼。

　　哥廷根的矩陣力學也產生了同樣的情況——事實越來越
清楚——數學計算出來的預測是一種機率性的，而不是精確
的數值。量子理論在海森堡的版本與薛丁格的版本一樣，都
是預測機率，而不是計算出確定量。

劢

但為什麼是機率呢？我們通常談論機率時，我們沒有所有的數據。當我們旋轉輪盤賭時，球落在數字五上的機率，是三十七分之一。當球被拋出時，如果我們知道球的確切位置以及所有作用在球上面的力，就能夠預測會降落在哪個數字之上。20世紀80年代，一群才華橫溢的年輕賭徒利用這一事實，利用隱藏在鞋子裡的小型計算機[25]，在拉斯維加斯賭場中取得連勝贏錢。當我們沒有所有數據，我們無法確定會發生什麼，於是我們就訴諸機率。

這是否意味著海森堡和薛丁格的量子力學，還沒有考慮所有相關設定上的問題？這就是我們需要考慮機率的原因嗎？或者說大自然真的到處隨機跳躍嗎？

愛因斯坦生動地提出了這個問題：「上帝擲骰子嗎？」愛因斯坦喜歡使用比喻，並且有一種偏愛：儘管他宣稱自己是無神論，在隱喻中使用了「上帝」。但是在此種情況下，這句話可以依據字面意思進行解釋：他喜歡史賓諾莎，對他來說「上帝」和「自然」是同義詞。因此「上帝擲骰子嗎？」字面意思是「自然法則真的不是決定性的嗎？」正如

我們將要看到的，海森堡和薛丁格兩派，爭吵了一百年之後，這個問題仍然懸而未決。

　　無論如何，薛丁格的 ψ 波，一定不夠澄清量子的模糊性。將電子視為波，這還不夠。ψ 波在一處，而不是在另一處被觀測，以決定電子的機率，這一種論述，還不夠清楚。薛丁格依據方程式說，隨著時間演變，只要我們不去看；當我們看著電子時，嘿！電子消失了，最後我們看到那裡的粒子，都集中成為一個點26。

　　彷彿僅僅觀察這一種現象，就足以改變現實。

　　對於海森堡的晦澀想法，也就是他的理論，只有描述觀察，而不是一次觀察之間所發生的情況。另外，針對觀察到一件事件，或另外一件事件的機率，我們必須添加強化理論預測的一些想法。這更加深了一些神秘感。

3.

世界的粒度：量子

　　我已經講述了1925年至1926年之間，量子理論如何誕生的故事，並提出了兩種想法：海森堡發現的奇特想法，只能描述**可觀察**。玻恩所理解的事實是，這種理論只能預測**機率**。量子物理學的核心，還有第三種想法。為了說明這一點，我們最好回顧一下二十年前的往事，那一場改變海森堡命運神聖島嶼之旅。

　　原子中電子的奇怪行為，並不是20世紀初唯一難以理解的現象。其他人也曾觀察到一個共同點：都強調能量的粒子性。在量子之前，沒有人認為能量可以用顆粒構成。扔石頭的能量，取決於石頭的速度：速度可以是任何值；因此，能量也可以是任何值。但奇特的能量行為，已經出現在實驗之中了。

阶

　　例如，在烤箱內，電磁波以一種奇怪的方式行進。熱也是一種能量，不是分布在所有頻率之中，我們自然而然地預期：熱永遠不會達到更高的頻率。在1900年，海森堡啟程到黑爾戈蘭島的二十五年前，德國物理學家馬克斯・普朗克發現一個公式[27]，藉以再現了熱能的方式。他發現實驗室測量的熱量，以不同的頻率，分布在波之中[28]。他在一般定律之中，增加了新奇的假設：能量只能以基礎能量單位的整數倍，存在波包之中，而不能隨意發射出任意量，來傳輸波的能量。

　　這些波包的尺度，為便於普朗克進行計算，不同頻率的波的能量：必須與頻率成正比[29]。高頻波只能接收大能量的波包，能量無法達到非常高的頻率，因為沒有足夠大的波包來傳輸。

　　普朗克利用實驗觀察，計算出波包中能量與頻率之間的比例常數，他稱這個常數為 h —— 當時還不了解其重要性。今天我們經常使用符號 $\hbar$，代表 h 除以 2π。正是狄拉克養成了在 h 上畫一條小線的習慣，因為在計算之中，h 經常被 2π 除，而且他厭倦了每次都寫「$h/2\pi$」。符號 $\hbar$ 稱為「hㄅㄚˋ」；h 上沒有橫槓「ㄅㄚˋ」被稱為「普朗克常數」，有時 h 與 $\hbar$ 混淆。

時至今日，這個符號已經成為最具特色的量子理論的象徵（我有一件 T 卹，上面繡著一個小 h，我非常喜歡）。

$$hh$$

五年後，愛因斯坦提出光和電磁波，實際上可視為由小粒子所組成的[30]。這是最早的「量子」，稱為光子，也就是光的量子。普朗克常數 h 測量了它們大小：每個光子的能量是光子頻率的 h 倍。

假設這些「小能量粒子」存在，也使愛因斯坦成功解釋了尚未理解的現象：光電效應[31]，並測量前預測其特性。

愛因斯坦以多種方式，為量子力學研究提供了靈感。在 1905 年，他開始意識到這些現象引起的問題相當嚴重，足以需要針對力學，進行徹底的修改。玻恩從他那裡，深入學到了力學需要修改的想法。他認為光是一種波，也是一團光子聚集。這些概念啟發了德布羅意，認為所有小粒子都可以是波，也導致薛丁格引進了 ψ 波的觀念。海森堡受到他的啟發，限制其注意力在可以測量的物理量。而且：愛因斯坦也是第一位運用機率研究原子現象的人，藉著機率，啟發了玻恩通往了解 ψ 波意義的道路。量子物理學很大程度上，要歸

功於愛因斯坦。

$$\hbar$$

到了1913年，在波耳定律中，普朗克常數再次出現 32。在這裡，運用同樣的邏輯：原子中電子的軌道，可以僅具有特定的能量，就好像能量是成包的、呈現粒子狀的。當電子從波耳軌道之一，躍遷到另外一個軌道，釋放出一包能量，變成光子，又稱為光的量子。1922年，由奧托・斯特恩（Otto Stern）設計，由沃爾特・格拉赫（Walter Gerlach）在法蘭克福進行的實驗，再次證明了：即使是原子的旋轉速度也不是連續性的，僅能觀察到某些特定的離散值。

這些現象——光子、光電效應、電磁波之間的能量分布，波耳軌道、旋轉離散性，都是和普朗克常數 $\hbar$ 有關。海森堡和同事在1925年建立了量子論，以用來解釋現象預測量子，並且計算量子的特徵。「量子論」這名字，確實來自「quanta」，也就是「粒子」。在非常小的尺度下，「量子」現象揭露了世界不連續的粒子性。

我的研究領域，以量子引力進行說明，我們生活的物理空間，其微小尺度可以進行細化。普朗克常數決定了極端微

小的基本「量子空間」的尺度 33。

粒子性是量子論的第三種思想，僅次於機率和觀察。海森堡的行和列矩陣，直接對應於能量觀測後的個別離散數值。

_hh_

我們即將完成本書的第一部，也就是量子論的誕生，以及產生種種困惑的故事。在第二部當中，將描述解決這種困惑問題的方法。

在結束之前，先簡單說幾句關於量子論，增加到古典物理學中的方程式。這是一種奇怪的方程式。方程式指出將位置乘以速度，不等於將速度乘以位置。如果位置和速度是數字，則沒有區別，因為7×9與9×7相同。但是位置和速度，現在是數字表，當你將兩個表相乘，順序計數。新方程式以相反的順序，給定了兩個數量相乘積的差異。

方程式非常簡潔，也非常簡單，但是難以理解，請不要試圖破譯：因為科學家和哲學家仍在努力思考其意義——以及他們之間的爭論。接下來，我將回到這個公式，稍微仔細討論一下內容。無論如何，我現在就寫下來，因為這是量子

理論的核心。以下是公式：

$$XP - PX = i\hbar$$

　　公式只有這樣。英文字母 X 表示粒子的位置，英文字母 P 表示粒子的速度乘以粒子的質量（我們稱為「動量」）。字母 i 是數學符號 -1 的平方根，$\hbar$ 是除以 2π 的普朗克常數 h。

　　從某種意義上來說，海森堡和他的同事只是針對這個物理學簡單的等式，進行了補充：其他一切從量子電腦到原子彈，都遵循這個方程式。

　　這種形式上簡單的代價，是意義晦澀難懂。量子理論預測粒子性、量子跳躍、光子和所有其他的原理，都是在此種公式的基礎上，以上述八個字元的方程式，加在古典物理學之中。此方程式表示，將位置乘以速度，不同於將速度乘以位置。這種公式的晦澀和黑箱式的不透明性，就完成了。默片時代的導演穆瑙，在黑爾戈蘭島，拍攝了古典無聲哥德風恐怖電影《不死殭屍—恐慄交響曲》（《諾斯費拉圖》）的一些場景，也許並非是巧合。

$$\hbar$$

　　1927年，尼爾斯・波耳在義大利科莫湖發表演講，總結了他所理解或是不太理解的一切有關於新穎的量子理論，並且解釋如何運用34。1930年，狄拉克寫了一本書，其中新理論的形式結構，以精美的方式進行闡釋35。這一本書仍然是目前學習量子理論最好的教科書。兩年之後，當時最偉大的數學家約翰・馮・紐曼（John von Neumann）糾正了龐雜數學物理工作中的形式問題36。

　　這種理論的建構，得到了無與倫比的回報，諾貝爾獎如潮水般地湧來。1921年愛因斯坦因為闡釋光量子的光電效應，獲得諾貝爾獎；波耳於1922年提出了原子結構的規則，獲得諾貝爾獎。1929年，德布羅意因為物質波的想法，獲得諾貝爾獎。1932年，海森堡發現「量子力學」，以及薛丁格和狄拉克於1933年原子理論的「新發現」，獲得諾貝爾獎。包立在1945年因為對於量子論的技術貢獻而獲獎，玻恩於1954年因為理解機率的作用而獲獎（除此之外，他還做了很多事情）。唯一例外是帕斯夸爾・約爾旦——儘管愛因斯坦（正確地）提名了海森堡、玻恩，以及約爾旦為該理論的真正創始人，但約爾旦在戰時對納粹德國太過忠誠，而戰敗者是不會受到諾貝爾獎認可的37。

　　儘管後續發現，依循著維爾納・海森堡在黑爾戈蘭島前

瞻的開創性成果，此物理理論中，並沒有告訴我們當我們不看這些物質粒子時，在哪裡可以找到任何的物質粒子，這些理論只討論：**如果我們在某個時點觀察粒子**，找到這些粒子的機率。

　　但是，我再說一遍，如果我們觀察，或是沒有在觀察一顆粒子，這一顆粒子會如何？最有效、最有力的科學理論，仍然是一個謎。

第 2 部

二、極端思想的好奇寓言

每一位科學家和哲學家,都在企圖理解量子,
每個人都以自己的方式,描述了奇怪的量子現象。

1.
疊加

　　在決定選擇哪個學科之前，我猶豫了很久。我在波隆納大學入學日（當時還不能線上註冊）最後一刻，選擇了物理。當時不同院系排隊進行註冊，每一隊伍的長度不同，物理系最短。我從註冊排隊隊伍最短的事實來決定主修物理。

　　物理學最吸引我的是，我懷疑在高中所修習的極度無聊主題當中，在彈簧、槓桿和滾球等愚蠢習作背後，應該存在著一個真切的好奇心，想要去理解「事實」的本質。這份好奇心恰好呼應了我青春期躁動不安、想要嘗試一切的欲望——想要體驗好多國家、環境、女孩、書籍，以及盡可能體驗音樂與各種想法。

　　青春期是大腦神經元網路發育的時期。大腦突然重新調整自己。一切似乎

　　都很激烈、很誘人，但是一切都令人迷失方向。我走出困境時，感到困惑，並且充滿疑問。我想要了解事物的本

質。想要知道我們的思維，如何能夠理解這一種本質。什麼是真實？什麼是思考？這個進行思考的「我」，是什麼？正是這種極端、強烈的青少年好奇心，推動了我去尋找是什麼照亮了科學——我們這個時代最偉大的新知識——可能會提供以上的解答。

　　現在我可能曾經預測了所有的答案，但是不一定是明確的答案。但我怎麼能忽視人類在過去兩個世紀設法想要理解，有關於事物的詳細結構？

力力

　　我發現古典物理學的研究有點有趣，相當簡潔而優雅。古典物理學確實比我過去在學校死記硬背、重複演練的小公式，更加連貫、明確，並且更容易懂。

　　在研究愛因斯坦的時空發現，讓我充滿了驚訝和興奮。我的心臟跳動得更快。但是正當在我第一次接觸量子物理時，彩色的燈光開始在我的大腦中閃爍。我覺得我是在接觸現實的熱點問題。我們對於現實的假設和偏見在哪裡，正受到了質疑。

　　當我閱讀保羅・狄拉克的開創性著作，我與量子理論的邂逅始於心靈深處。當時在波隆納，我學習法諾教授的「物理數學方法」課程。「方法」是指為「物理的數學」這種課程需要針對全班，開發特別深入的主題。

　　我選擇了現在每個人都在研究的物理專業小型領域畢業，但是當時不屬於物理專業領域的課程：「群論」。

　　我去跟法諾教授談話，問他我的演講應該包含什麼內容。他回答：「群論的基礎及其量子理論的應用」。我羞澀地提到了我還沒有上過任何關於「量子理論」的課程事實，並且對此一無所知。「哦，真的嗎？」他說：「那你最好快點去學」。

　　他是在開玩笑。

　　但我沒有想到他是在開玩笑。

　　我買了狄拉克的書，灰色的博林吉耶里出版社出版。這一本書聞起來很香（我在買書之前總是先聞一聞書的味道，再決定我買不買）。我把自己關在家裡，進行研究了一個月。我還買了四本書，並且如法炮製，進行學習38。

　　這是我經歷過的最美麗的月份之一，也是這一生一直困擾我的問題來源。經過多年的大量閱讀之後，這些問題經過了無數的討論、質問，以及不確定性，導致了本書的寫作。

　　在本章中，我將深入研究量子世界的怪異之處。我描述了怪異之處的具體現象：我有機會親自觀察這一種現象。雖然很微妙，但是說明了關鍵觀點。然後我列出了目前討論最多的一些想法，並且試圖理解這些奇怪的現象。

　　我將我發現最多，也讓我信服的想法，留待這一章之後的章節進行討論 —— 量子動力學關係的解釋。想要快速閱讀的讀者，可以跳過這一章節，直接閱讀下一章；本章也許有趣，但是容我討論這些迂迴糾結的問題論述。

劻

　　那麼，量子現象到底有什麼奇怪的地方呢？事實上，電子停留在某些軌道之內，在軌道之間跳躍，這肯定不是世界末日……。

　　量子推導出來奇異的現象，稱為「量子疊加」。在某種意義上，量子的位置，是當兩個矛盾的屬性一起呈現。一個物體可能在此地，但是也有可能同時出現在其他地方。這

就是海森堡的意思說「電子不再可能有軌跡」：電子不僅僅存在於一處，或是另外一處；甚至可以感覺這兩處都可能存在。用專業術語來說，我們說一個物體可以處於「疊加」的位置。 狄拉克稱此為奇怪的「疊加原理」行為。對他來說，這是量子理論的概念基礎。

但我們在這裡需要小心：我們永遠不會看到量子疊加現象。我們看到的是量子疊加的結果。這些結果稱為「量子干涉」。我們看到的是干涉，而不是疊加。

讓我們看看這是怎麼產生的。

在本書漫長的寫作過程中，當我親眼目睹了量子干涉，我才知道。那是在安東・賽林格（Anton Zeilinger）的因斯布魯克實驗室。賽林格是一位非常友善的澳大利亞人，留著大鬍子，舉止溫柔的大漢── 他是當代最偉大創造奇蹟的量子實驗物理學家之一。他是量子力學的先驅，透過計算、量子密碼學，以及量子隱形傳送進行研究。我會描述他實驗室所看到的東西，即使是如此微妙，是因為實驗結果囊括了物理學家所感到困惑的原因。

賽林格給我看了一張桌子，上面有一些光學儀器。上面設置有：小型雷射儀、透鏡、稜鏡，透過分離雷射束，然後再次整合，並且以光子探測器進行研究。由小粒子組成

的微弱雷射束的光子量，被分成兩部分，產生兩條分離的
路徑——比方說，一條在「右側」，另一條在「左側」。兩
條路徑在重聚之前，再次分離，並且最終出現在兩種探測
器中：一個比方說「上方探測器」，另外一個為「下方探測
器」。

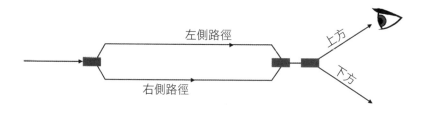

一束光子被稜鏡分成兩束，重逢，然後又分開。

　　我看到的是這樣的：如果我用我的手，擋住了兩條路徑
中的一條（左或右），一半的光子最終進入向下的探測器，
以及一半的光子，最終進入向上的探測器（兩個探測器如下
圖左）。但是如果我讓兩條路都暢通無阻，沒有任何障礙，
所有光子最終都會進入下方的探測器：上方的光子都沒有通
過（下圖右）。

　　請試著問問自己這是怎麼發生的。這是正在發生一些非

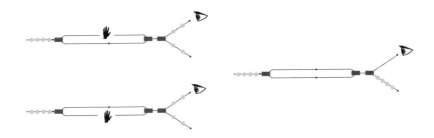

量子干涉。如果你用你的手擋住了兩條路徑之一的路徑。另一方面，一半的
光子到達上方探測器（左圖）。如果兩條路徑暢通無阻，則所有光子最終都
在向下的路徑（右圖）。如何將我的手，放入其中之一路徑，導致在另一條
路徑上行進的光子移動到下方的探測器之中？沒有人知道。

常奇怪的事情。如果當一條路徑暢通無阻時，一半光子到達
上方的探測器，預計一半的光子抵達，這似乎是合理的。當
兩條路徑都暢通無阻時，也應該抵達上方。但是事實並非如
此。事實上，也沒有人這樣做。

　　我的手擋住了一條路，怎麼會引起光子沿著另一條路
徑，抵達到上方的探測器？

　　當兩條路徑都打開時，光子從上方的探測器中消失，就
是量子干涉的一個例子。在左邊的和右邊的路徑上，兩者之
間存在干擾。當兩者都打開時，光子傳遞時會發生一些事
件。這些事件是只打開這些路徑中的其中一個路徑，都不會

發生光子消失。但是打開兩條路徑之後，光子消失在上方探測器的終點。

根據薛丁格的理論，每個光子波ψ分為兩部分：兩個小波。一個小波走右邊的路徑，一個小波走左邊的路徑。什麼時候他們再次相遇，ψ波重新組合，採取較低的路徑。如果我阻擋其中一條路徑，ψ波不會重新組合，因此以不同的方式呈現。波的這種行為並不奇怪：波浪相互之間的干擾，是一種眾所周知的現象。光波和海洋波浪做同樣的事情。

但是我們從未見過波；我們總是看到個別光子的照片，每通過一側之時：要嘛向右，或是向左。如果我們沿著路徑放置光子探測器，這些探測器永遠不會透露「一半的光子」。每個光子整體通過左邊，或是整體通過右邊。每個光子的行為就像是波一樣，穿過兩條軌跡（否則不會有干擾），但是如果我們看看光子在哪裡，我們總是在 一條路徑之上看到它。

這就是量子疊加：光子穿過「兩者右邊，或是兩者左邊」。它處於兩個量子疊加狀態：右邊的量子疊加，或是左邊的量子疊加。這種結果是光子不再向上傳播，就像是光子只沿著兩條路其中一條路徑，或是另一條路徑行走一樣。

這還不是全部，還有別的事件，而且確實很有挑戰性。

如果我測量光子的兩條路徑中的其中哪一條……干擾消失了！

看來只需要觀察，就知道發生了什麼事—— 事件正在改變！請注意荒謬之處：如果我不想找出光子從哪裡經過時，總是在下方抵達。但是如果我想看看

光子所經過的地方，最終可能會出現在上方。令人驚奇的是，即使我沒有看到光子，光子也有可能最終抵達上方。也就是說，光子改變軌跡，是因為我在路徑的門口等待光子，光子在我沒有預期光子會出現的那一側通過。雖然我並沒有真正見到！

你在量子力學教科書中讀到的是，如果你觀察光子經過的地方，光子 ψ 波會跳躍。 假設你觀察光子是否通過正確的路徑：如果你看到，ψ 波完全跳躍到正確的路徑；而且如果你沒有看到它，ψ 波也會跳躍！跳躍到左邊。在這兩種情況之下，不再有干擾。波函數「塌縮」，也就是說它進行跳躍，當我們觀察它的那一刻，它就匯聚到一點。這是量子疊加：可以說，光子是：「在兩條路徑之上」。 但如果你尋找它，光子就只是在一條路徑之上。

難以置信。

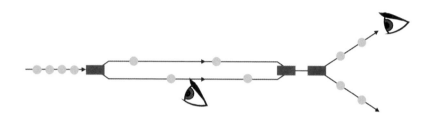

測量光子所走路徑的行為本身,使得干擾消失! 如果我們測量哪裡,當它們經過時,一半的光子會再次朝上移動。

　　然而這卻發生了:我親眼所見。儘管在大學裡研究了很多,看到光子,並有讓我感到很困惑的光子研究實驗經驗。我嘗試對這一種行為,想出一種合理的解釋……這一個世紀以來,我們都在努力。

　　如果你覺得這一切令人困惑,如果你感到沒頭沒尾,丈二金剛摸不著頭腦,你並不孤單。 這就是理查·費曼寫出「沒有人理解量子」(如果依據我所描述的事件,一切看起來都很清楚,那麼說明我還沒有說得夠清楚。因為,正如尼爾斯·波耳曾經說過的,你不應該「永遠」比你想像地更清楚地表達自己」)39。

　　薛丁格用著名的思想實驗40：代替同時在右邊和左邊有一條路徑，正在行走路徑的光子。他想像一隻貓同時睡著和醒著。

　　事情是這樣的：一隻貓被關在一個箱子裡，裡面有一個裝置。量子現象發生的機率是二分之一。如果發生這種情況，設備會打開一瓶催眠藥，貓聞了，就睡著了＊。該理論告訴我們，貓的ψ波處於「貓─量子疊加」狀態。這包括了「醒著」和「睡著了」，直到我們真正看到那隻貓為止。所以貓處於「貓醒」和「貓睡著了」的「量子疊加」狀態。

　　這裡說我們不知道貓是否是處在不同的醒著或睡著的狀態，原因如下：有干擾著貓醒著和貓睡著之間的影響（類似於諾貝爾物理學獎得主塞林格的兩條路徑之間的光子干涉效應），如果貓醒著，或是睡著了。當貓處於這個量子疊加之中時，這種貓醒和貓睡的情形，就會發生。正如在塞林格的干擾實驗之中，只有當光子「沿著兩條路徑走」。對於像貓一樣大的物理系統，干擾實在太難觀察了41。但沒有令人信

────

＊在原始版本中，瓶子中不含催眠氣體，而是一瓶毒藥，貓沒有睡著：牠死了。我寧願不去玩弄著一隻貓的死亡遊戲。

服的理由，去懷疑真實性。貓既不醒，也沒有睡，正處於貓醒和貓睡著了之間的量子疊加當中……

　　但是，這是什麼意思？

　　貓處於量子疊加狀態之時的感覺如何，貓是醒著，還是貓是睡著了？如果你處於量子疊加狀態，處於清醒狀態，或是睡眠狀態之間的位置，然後親愛的讀者，你會有什麼感覺？這就是量子之謎。

2.
認真對待 ψ：多重世界、隱藏變量，以及物理塌縮

　　想在一場物理會議上引發熱烈討論，你只需要轉向你旁邊的人，隨意地問：「在你看來，薛丁格的貓醒了嗎？睡著了嗎？」

　　20世紀30年代，該理論誕生後不久，關於量子之謎的討論十分熱烈。愛因斯坦和波耳之間，有關於這個話題的爭論，持續了很長時間。兩人多年來通過個人會面、會議、書面討論、信件……面對這些日益清晰的真實現象，愛因斯坦抱持著抵制和消極的態度。波耳則捍衛了這些概念新穎的理論 42。

　　在20世紀50年代，這個問題大多遭到忽視：理論威力是如此引人注目，以至於物理學家試圖應用這個理論涉及的每一種可能的領域，而無需提出太多問題。但是如果你不問問題，你就什麼也學不到。

　　到了20世紀60年代，人們對概念性的問題再度產生了

興趣。奇怪的是，嬉皮文化對量子的另類差異性，又強化了內心的迷戀43。

　　如今，關於量子理論的討論很頻繁。哲學系和物理系，存在了不一致的意見和觀點。某些想法遭到拋棄，另一些想法則繼續堅持。各種批評給予了我們理解量子的方法；但是這些方法，都有很高昂的概念成本：每一種方法都迫使我們接受一些稀奇古怪的東西。藉由該理論的不同意見，決斷各種成本和效益的最終平衡為例，仍然沒有結論。

　　我期待我們最終會達成一致的想法，就像是其他一些已經發生看似無關的重大科學爭議，到了時候就可以解決。地球是靜止的，還是移動的？（地球是移動著）。熱量是流體，還是快速移動的分子變化？（熱量是分子的運動）。

　　原子真的存在嗎？（是的）。世界只是由能量構成？（不是）。我們擁有共同的猿猴祖先嗎？（是的）。本書某章節正在進行對話，我描述了我認為現在爭論的狀況，及我們將朝何方向邁進。

　　在進入下一章之前，我發現最有說服力的說法，也就是關係視角。總結來說：下面是討論最多，有時候稱為「量子力學的解釋」的替代方案。無論如何，都需要接受極端的可能解釋：多重宇宙、隱形變量、從未被觀察到的現象，以及

其他類似洪水猛獸的論點。這不是任何人的錯：這是理論本身的奇特本質，迫使我們訴諸極端的解決方案。本章的其餘部分充滿了猜測。你可能會想要跳到下一章，在那裡會看到我列出問題核心的意見內容；但是如果你想要一個討論當今奇思妙想的全景視野，就在這些有趣的論點的本章之中。

多重世界

「多重世界」的解釋，目前存在於某些哲學界，以及某些理論物理學者和宇宙學者的討論之中。這是認真對待薛丁格理論的想法時候了；換句話說，無須解釋 ψ 波當成是一種機率—— 但是將其視為一種真實的實體，有效地描述了世界的本來面目。

也許，此想法對馬克斯・玻恩的諾貝爾獎打了折扣，因為他了解的 ψ 波，只是機率的期望值。

在「多重世界」，薛丁格的貓，實際上是由其完全真實的 ψ 波來描述。因此實際上是在貓醒著和貓睡著的狀態進行疊加：具體來說，兩者都存在。那麼為什麼如果打開箱子，我就會看到貓要嘛是睡著，要嘛是醒著，而不是同時兩者兼而有之？

抓到重點了！根據多重世界的解釋，是我和卡羅，同時是受到我的ψ波所描述。當我觀察貓時，我和貓的一樣，受到非常真實的ψ波相互作用，我真正的ψ波也分成兩部分：一部分代表我自己看到貓醒著的一個版本，另一部分代表著我自己看到了貓睡著了的另外一個版本。從這個角度來看，兩者都是真實的。因此，總體來說，ψ現在有兩個組成部分：亦即兩個「世界」。世界一分為二：一個世界裡貓醒了，我看到貓醒了；另外一個世界貓睡著了，我也看到貓在睡覺。現在我自己的視野中有兩個世界：每個世界都有一個自己的觀點。

那麼，為什麼我看到的只有貓醒著呢？**答案是「我」現在只是我自己的兩個版本之一。**在一個同樣真實、同樣具體的平行世界之中，有一個平行世界中的我，與我看到貓睡著，是平行的。這就是為什麼說貓是醒著的，同時又是睡著了，因為如果我仔細看貓，我只會看到貓的同一個版本。因為如果我看，我也已經變成雙重的版本。

有鑑於我和卡羅・羅維理，同時是受到我的ψ波互動，除了貓之外，還有無數的系統，因此是有無數個其他平行世界，同樣地存在，同樣是真實的，存在著無數個我自己的版本，體驗各種另類的現實。這就是多重世界理論。

　　這是不是聽起來很瘋狂？事實確實如此。然而，也有傑出的物理學家和哲學家，堅持認為這是對於量子理論的最佳解讀44。他們不是瘋狂的人：瘋狂點就在於這個令人難以置信的理論，一百年以來一直行之有效。但為了擺脫量子論的迷霧，真的值得相信我具體擁有無限複本的存在？這些都是未知、自己無法觀測到、隱藏在巨量宇宙ψ波後面的自己？

　　我對這種量子的解釋，還有另一個問題，巨大的宇宙ψ波包含了所有可能的世界，就像黑格爾的黑夜，所有的乳牛都是黑色的：這個理論本身並不能解釋我們觀察到的事實45。為了要描述我們觀察到的現象，其他符號，除了ψ之外，還需要其他各種變量，例如我們用來描述世界的X和P一樣。多重世界的詮釋，並沒有清楚地解釋。

隱藏變量

「隱藏變量」是可以避免世界與自己複製版本無限增加的理論方法。其中最好的理論依據，是思想的創始人德布羅意建構的物質波，並且由大衛·玻姆（David Bohm）改良理論。大衛·玻姆是一位科學家，他的生活因為擁護鐵幕的共產主義者，過得很艱難。一九四九年，遭到美國麥卡錫主義的調查、逮捕並被短暫拘禁。雖獲釋放，卻被擔心影響聲譽的普林斯頓大學解聘了。後來，他移居南美洲，美國大使館擔心他會叛逃到蘇聯，取消了他的護照……。玻姆理論背後的想法很簡單：電子 ψ 波是一種真實的實體，正如多重世界解釋中那樣；但除此之外，還有實際的電子：一種真實，且具有確定位置的粒子。電子只有一個位置，就像是古典力學一樣：沒有量子疊加。ψ 波始終遵循薛丁格方程式進行演化，而真正的電子受到 ψ 波影響，在物理空間中運動。玻姆設計了一個方程式來顯示 ψ 波可以有效地引導電子[46]。

這個想法很聰明：干涉現象是由引導物體的 ψ 波決定；但是那些物體本身，並不是處於量子疊加狀態。物體始終處於單一的位置。貓是醒著的，或者貓是睡著了。但是貓的 ψ 有兩個組成部分：一個對應於「真實」的貓，另一個是

「空」波，沒有對應到真實的貓——但是空波，可能帶來干擾。干擾，也就是真貓同時產生的波。

這就是為什麼我們看到貓醒著或是睡著的，並且是有干擾效應：貓處於一種狀態，但是存在另一種產生干擾波的狀態。

這很好地解釋了我在賽林格看到的經驗。為什麼，當我阻止兩者之一的路徑時，我的手會影響光的運動而沿著另一條路通過？因為電子只沿著一條路徑進行傳播，但是電子的波，卻沿著兩條路徑傳播。我的手改變了波，然後引導電子改變。如果我的手沒有干預的話，其表現會有所不同。即使電子和我的手有一定的距離，通過這種方式，我的手改變了電子行為的未來，這是一個很好的解釋。

隱藏變量的解釋，帶來了量子物理學回到與古典物理學相同的邏輯領域：一切都是確定性和可預測的。如果我們知道電子的位置和波的值，我們可以預測一切。

但事實並非如此簡單。當事情發生時，我們不能永遠了解波，因為我們從來都沒有見過波：我們只看到了電子[47]。因此，電子的行為對我們來說，仍然是隱藏變量（波）。原則上，我們從來沒有確定。

這就是該命名隱藏的原因。認真看待隱藏變量[48]理論，所要付出的代價是接受這樣的觀念：存在著原則上我們無法接觸完整的物理現實。這個理論追根究柢唯一目的，只是為了安慰我們理論沒有告訴我們什麼。我們是否值得假設存在一個不可觀察且沒有任何對量子論前瞻的世界，只是為了減輕面對不確定性的恐懼？

這當然還有其他的困難。玻姆的解釋，受到某些哲學家的青睞，因為提供了一種清晰的概念架構。但是物理學家不太喜歡，因為一旦你嘗試將其應用到比單個粒子更複雜的事務上，問題會變得更複雜。例如，更多粒子的ψ波不是單一粒子的總和：這是一種波，不會在物理空間中移動，而是在抽象的數學空間之中[49]。玻姆理論提供的單一粒子的現實清晰意象，徹底喪失。

當考慮採用相對論時，會出現更嚴重的問題。該理論的隱藏變量，徹底違反了相對論：他們決定了享有特權（不可觀察）的參考系統。誠如古典物理學所說，世界是由變量組

成，我們不僅不能接受這些隱藏變量是永遠存在的；而且這些隱藏變量，也和我們所擁有的一切自相矛盾。我們正通過古典物理學來了解世界，真的值得付出這樣的代價嗎？

物理塌縮

還有第三種方法可以認為 ψ 波是真實的，以避免多重世界和隱藏變量的紛擾：通過思考量子力學的預測性，作為近似值；並且忽略了渲染一切的雜訊，讓解釋更加連貫。這可能存在一種真實的物理過程，防止波散射。這會獨立於我們的觀察之外，而且這種情況經常自發性地產生。這個假設的機制，迄今為止從未被直接觀察到，被稱為波函數的「物理塌縮」。「波函數的塌縮」不會因為我們觀察到而發生；而是自發地產生。問題產生的物體越宏觀，事件發生得越快。對於貓來說，ψ 會很快自行跳到兩種配置之一，貓會很快睡著或是醒著。如果是這樣，常規量子力學就不再適用於宏觀實體，例如貓身上 50。因此，這一種理論提供的預測，通常會偏離一般的量子理論。

世界各地的各個實驗室，都進行了嘗試，並繼續嘗試檢驗這些預測，以便了解誰才是正確的。就目前而言，量子理

論一直證明事實是正確的。許多物理學家，包括本書謙虛的
作者，會打賭量子論持續保持正確，也還不錯……。

3.
接受不確定性

　　到目前為止，所討論的量子理論的解釋，藉由將視為真實的實體，避免了考慮不確定性51，此成本則新增現實的事物，例如多重世界、隱藏變量，或是從未觀察到的過程。其實，我們沒有理由如此認真地看待ψ波。

　　ψ不是一種真實的實體：它只是一種計算工具。就像前一章所述——天氣預測、公司利潤預測，以及賽馬賠率和形式52。世界上發生的真實事件，以機率的方式進行計算書寫，數量ψ就是我們的公式，以計算發生的機率。如果不認真考慮 波的理論解釋，是因為我們「認知」ψ的解釋，只是作為我們科學知識產生的總結。

　　這一種思維方式的例子是「量子貝葉斯主義」的範疇（QBism）。QBism主義需要量子理論的發現，並不尋求「完成」世界：不假設其他世界、隱藏變量，或是設法找出我們沒有證據的過程。

這個想法將ψ當作我們掌握世界事件的資訊，描述了「我們所知道的世界」。當我開始觀察時，我所掌握的資訊量就會增加。這就是為什麼當我們觀察時，ψ會發生變化：只是因為我們掌握外部世界發生事情，資訊發生了變化。如果我們觀察氣壓計進行預測的話，我們會發現天氣的變化：不是因為從我們查詢氣壓計的那一刻起，天氣就迅速變化，而是因為我們突然學到了一些我們以前不知道的事情。

QBism得名於「量子貝葉斯主義」。貝葉斯（Bayes）是一位18世紀的長老會牧師，他研究機率。但是「QBism」這個詞也暗指立體主義，亦即布拉克和畢卡索等藝術家在歐洲形成的繪畫影響風格。同一時期量子理論正在發展。立體主義和量子理論，兩者都放棄了世界是可以藉由比喻來表徵觀念的方式。在20世紀前十年，整個歐洲文化不再認為我們可以用簡單而完整的方式，表達世界。人類學家李維史陀明白表示，研究一種文化就是為了要改變它；心理學者弗洛伊德了解醫生無法在不影響病人的情況之下，評估病人的想法。1909年至1925年間，義大利量子理論誕生的年代，皮蘭德羅寫了《一個、無人和十萬》（1926），講述了分裂現實，融入無數觀察者的觀點……。

QBism放棄了現實世界的形象，超越了我們可以看到或

測量到的東西。這一種理論提供了我們一種問題。我們能夠
看到某些東西的能力，依法來說，這就是所有的全部。當我
們實際上沒有觀察到貓或光子之時，對於這些現象發表任何
言論，都是不合法的。

厉

QBism抱持著一種非常有用的科學概念：理論只提供主
體可以看到的預測結果。我認為科學不僅僅是預測。科學還
為我們提供了現實的願景，以及思考事物的概念架構。正是
這種理想，讓科學思想如此有效。如果科學目標只是要進行
預測，哥白尼將不會發現任何關於超越托勒密的新東西。他

的天文預測，並不比托勒密來得更好。但是哥白尼找到了一把重新思考一切的鑰匙，以達到嶄新的知識水準。

在我看來，QBism 的弱點——也就是整個討論的轉折點，是QBism將現實錨定於知識主體之上，也就是「我」似乎站在自然之外，而不是將觀察者納入世界的一部分；QBism 認為世界反映在觀察者之中。這樣做，拋棄了天真的唯物主義，但是最終陷入一種隱藏的理想主義形式53。**觀察者自己也是可能被觀察的**。我們沒有理由懷疑任何觀察者本身，也是能被量子論描述。

如果我觀察一位觀察者，我就會看到觀察者不會看到的東西。我通過合理的類比推斷，因此還有一些事情是我作為旁觀者，所看不到的。我想要解釋單一結構的物理理論，並闡明做為宇宙觀察者是什麼；而不是讓宇宙仰賴於我的觀察，藉以理解宇宙的理論。

劦

最終，所有對量子理論的解釋，都超越了本章重複的薛丁格和海森堡之間的爭論：試圖以各種成本嘗試「波力學」，以避免世界的不確定性和機率，以及避免過分依賴於

主體存在「觀察」躍動的「男孩物理學」，本章介紹了一系列有趣的想法，但是並沒有讓我們向前邁出真正的一大步。

　　誰是真正了解，並且保留資訊的主體？主體有什麼資訊？又是誰觀察主體？ 這是否逃脫了自然法則，或者是說主體也服膺自然法則，並且由自然法則進行描述？如果這既是大自然的一部分，為什麼要將其視為特殊的情形呢？此種問題是海森堡無數次重新表達的核心問題之一。他提出的重要問題——什麼是觀察？什麼是觀察者？最終讓我們了解本書主要的概念：**關係**。

三、是否有可能存在真實的東西，與你有關係，但與我無關？

本章中，我終於談到了關係。

1.
曾經有一段時間，世界看起來 很簡單

　　在歐洲，但丁寫作的時代，我們想到了世界就像一面巨大的天體等級制度的模糊鏡子：偉大的上帝和他的天使球體，承載著行星，穿越天空，並且參與了在宇宙的中心脆弱的人類生活。人類展現了對上帝的惶恐不安和愛意，在崇拜、叛逆，以及內疚之間，搖擺不定。

　　然後，我們的觀點就改變了。在隨後的幾個世紀之中，我們了解了現實的各種層面，發現了隱藏的規律，為我們的目標找到了策略。科學思維編織了一座複雜的知識大廈。物理學發揮了基礎和統一的作用，提供了明確的現實形象：粒子運行、推動，以及在移動的廣闊空間中遭到力量的牽引。法拉第和麥克斯威爾增加了電磁場：在空間中擴散的實體，通過遙遠的物體，相互影響。愛因斯坦顯示通過「場」的重力學，以完成圖象：這個場就是空間和時間的幾何，非常地清晰美麗。

現實有千般面貌：白雪覆蓋的山巒和森林、朋友的微笑、骯髒的冬日早晨、伴著地下鐵的隆隆聲、我們貪得無厭的饑渴、手指在筆記本電腦的鍵盤上跳舞、麵包的味道、世界的悲傷、夜空、浩瀚的星空，金星在超宇宙中獨自閃耀、暮光之海的藍色……在這一層雜亂的面紗後面，我們以為已經找到了深層編織下隱藏的秩序。此時，事情似乎相當簡單。

但是很多時候，我們這些微不足道的小傢伙的偉大期盼與理想，都只是短暫的。古典物理學的概念清晰，已經被量子一掃而光。現實絕對不是古典物理所描述的那樣。

我們一直懷抱著牛頓成功的理想過程，突然從愉快的睡夢中驚醒。這次重新的覺醒，將我們依據科學思維跳動的心臟，回到了過去。這不是全由於計算的決定性：而是由於思考的力量恰好是不斷質疑，同時無懼顛覆，一切重新開始的能力。世界正在尋求一種更有效的秩序，卻又把一切事物打上個問號，再次地顛覆它。

不要害怕重新思考世界，這就是科學的力量：自從古希臘哲學家阿那克西曼德破除了地球靜止不動的基礎，哥白尼認為地球在天空中旋轉，愛因斯坦排除了空間和時間的絕對性，而達爾文成功摧毀了人類的獨特性……。現實有效不斷

地重塑圖象，人類一步步，面對著神話般的陌生與美麗，等待著現實的真相被揭開。科學微妙的魅力，就是面對世界徹底重塑的勇氣：當我是叛逆的青少年時，這些讓我深深著迷……。

2.

關係

在物理實驗室中，我們研究各種小東西，例如觀察塞林格雷射儀中的原子或光子，很清楚誰是觀察者：科學家負責準備、觀察和測量量子物體，架設了儀器進行測量，檢測原子發出的光，或是光子抵達之處。

但是廣闊的世界，並不是由實驗室中操作儀器設備的科學家組成的。什麼是觀察，當沒有科學家觀察時，量子理論能否告訴我們，在另一星系沒有人測量的，量子理論可以告訴我們發生了什麼事了嗎？

我相信，答案的關鍵，也是本書中這些問題的回答基礎，都是來自於科學家們的簡單觀察。嗯，還有他們的測量儀器，都是大自然的一部分。那麼，量子理論所描述的是一個人如何以自然的一部分，向自然界的任何另一部分，進行表述。

量子「關係」解釋的核心理論，是一種思想。理論中沒

有描述量子物體向我們（或是我們向特殊實體），做一些特殊稱為「觀察」事情。量子描述了各種物理對象，如何向其他物理實體，展現自我。任何物理實體如何作用於其他的物理實體。

所有我們用來思考世界的物體、事物、實體（在物理學中，我們稱它們為「物理系統」）如：光子、貓、一塊石頭、一個時鐘、一棵樹、一位男孩、一個村莊、一道彩虹、一座星球、一個星系團……都不存在於輝煌的關係層面；相反的，他們只是彼此不斷地運動。要了解自然，必須關注於相互作用，而不是孤立的物體。一隻貓聆聽了數十秒的滴答聲；一個男孩扔了一塊石頭；石頭飛行穿越了空氣，撞擊了另外一塊石頭，然後移動滾落到了地面；一顆樹吸收太陽光線的能量，產生氧氣；村民們在呼吸之間，仰望星辰，星辰在其他星系的引力作用之下穿過星系……我們觀察到的世界，是不斷交互作用的。這是一種密集的互動網絡。

單一對象是彼此之間，交互作用的方式。如果有一個物體沒有相互作用，沒有影響任何東西，不發光、不吸引，排斥任何東西。這個物體什麼都沒有做，沒有碰撞過，也沒有氣味……它會就像從來都不存在一樣。我們談論從來都不相互作用的物體，就是在談論某件事——即使存在——但是

這個物體不可能和我們有關。甚至我們不清楚這些物體「存在」的意思是什麼。我們所知道的是與之相關，或是感到興趣的世界。所謂的「現實」，是一巨大、相互作用的網絡實體，實體之間自己通過彼此而互動，我們是其中的一部分。就是通用這張網，我們處理事物。

這些實體之一，正是塞林格觀察到的光子；但是另外一個人，正是安東・塞林格本人。塞林格正是一個實體—— 比如光子、貓，或是星星。讀著這一段文字的你，也是另外一個這樣的實體，當我在加拿大冬天的早晨進行書寫，透過我的窗戶看到天空，天色尚黑，還有一隻發出呼嚕聲的琥珀色小貓，坐落在我自己和我所在的電腦之間。在工作之中，我和其他人一樣也是一個實體。

如果量子理論描述了光子如何表現自己，對於塞林格來說，這是兩種物理系統的交會作用，也描述任何物體向其他的物體顯現的方式。有一些特定的系統嚴格的術語定義：「觀察者」。「觀察者」擁有感覺器官和記憶，以某種方式在實驗室工作，並且與宏觀可見的大環境相互作用……。但是量子力學不僅僅描述這些：還描述了物理實體基本和通用的語法。這不僅是實驗室觀察的基礎，也是交互作用的類型和實例。

如果我們這樣看的話，其實海森堡提出的「觀察」，並沒有什麼特別的。海森堡提出的「觀察」：是任何相互作用的兩種物理對象之間的關係，可以視為是一種觀察。當我們觀察之時，我們必須能夠將任何對象視為「觀察者」，以考慮其他物體對這個對象的表現。量子理論描述了物體之間的表現。

我相信，量子理論的發現，是任何實體的屬性，無非是這個實體影響其他事物的方式。量子理論只存在於通過相互作用，思考事物如何相互影響。這就是我們所擁有自然的最好描述 54。

這是一種簡單的想法，但是打開理解量子根本結果所需的概念空間。

沒有交互，沒有屬性

波耳談到：「原子系統的呈現，來自於測量裝置與原子間的相互作用，不可能清楚地區分 55。」

當他在20世紀40年代寫下了這一篇文章時，這些理論僅限於原子分子的實驗室。近一個世紀之後，我們知道理論對於宇宙中的每種物體都有效。我們必需將「原子系統」修

改為「所有對象」,「測量設備」修改為「任何事物的交互作用」。

　　通過這種方式修正,波耳的觀察抓到了以下問題,構成該理論基礎的概括性:將物體的屬性與交互作用進行分離。這些屬性在其顯現的對象中表現出來。所謂的對象,也就是他者;在現實之中,本體作用於其他對象的方式,這是一種互動網絡,而不僅是看到物理世界中,具有確定屬性對象的集合。量子理論將物理世界視為一張網之間的關係,對象是共節點。

　　總而言之,當對象之間不相互作用之時,屬性歸因是多餘的,並且可能具有誤導性。這句話的含義:如果沒有相互作用,就沒有任何屬性56。

　　這就是海森堡原始直覺的意義:探討電子不相互作用時軌道的任何問題,都是一種空洞的議題。電子確實不遵循軌道,因為電子的物理特性,只是決定如何影響其他事物的因素,舉例來說,包括相互作用時發出的光。如果電子之間不相互作用,就沒有任何屬性。

　　此想法是一種根本性的飛躍,相當於說每一種事物,僅由自身影響其他事物的方式組合而成。當電子不和任何物體作用時,就沒有物理特性:電子沒有位置,也沒有速度。

事實是相對的

第二個結果更為激進。

假設實驗時你是薛丁格想像中的貓。你被關在一個箱子之中，根據量子力學理論，你有二分之一的機率，藥物釋放讓你沉睡。你會感到藥物是否已經釋放出來，或者沒有釋放。在第一種情況之下，會睡著；在第二種情況之下，會保持清醒。對你來說，藥物已經生效，或者尚未生效，這是無庸置疑的。就你而言，不是睡著了，就是清醒著，一定不會同時處於又是清醒、又是睡著的狀態。

另一方面，我處於箱子之外，不會與你進行催眠劑的互動。後來我可以觀察到你醒著和你睡著之間的干擾現象：這本來都不會是同時發生的現象，包括我看到你睡著了，或者如果我看到你甦醒了。從某種意義上來說，對我來說你既不是睡著，也不是醒著。也就是說你「處於睡著和醒來疊加狀態」的意思。

對你來說，催眠劑釋放與否，不管你睡著了，或是醒來著，對我來說，你既不甦醒也沒有睡。是處於「存在於量子疊加」的狀態。對你來說，你有真正的清醒，或是不清醒的狀態。此種觀點允許這兩事件，都是真實的：針對不同觀察

者你和我的行動，每件事件都相互關聯。

　　有沒有可能針對某種事實，對你而言是真實的，但是對我來說，卻是不真實的？

　　我相信，量子理論的發現：答案是肯定的。對於某種對象，相對於另一種對象來說，真實的事實，並非如此 *。對一塊石頭來說，其屬性可能是真實的，但是這些屬性，對另一塊石頭來說，也許並不是真實的 57。

---

* 量子力學的問題，是這個理論兩種定律之間明顯的矛盾：一種定律描述了「測量」中發生的情況，而另外一種定律探討了「獨立性」的發展，也就是並沒有存在著「測量」這件事。這一種關係的解釋，指的兩者都是正確的：第一種定律考慮交互作用系統當中的關聯事件，第二種定律，考慮到與其他系統之間的關聯事件。

3.
精緻而微妙的量子世界

　　我希望在最後的幾段論述盡量簡潔，這些必要的敘述，不會讓讀者都跑光了。本段重點，是對象的屬性，都只存在於互動的那一刻。一個物體，對於另外一個物體來說，是真實的；但是對於其他物體來說，則不是真實的。

　　事實上，希望你不要太驚訝，某些屬性僅存在於某些地方。我們知道的就這麼多了。例如，速度是一種屬性，這是物體與另一種物體擁有的相對關係。如果你沿著甲板看著渡輪步行，你有相對於渡輪的速度，不同於相對河水的速度。此外，速度可相對於地球，相對於太陽，又可相對於銀河系，這是無休無止的討論。如果不定位，速度則不會存在（不管是隱現，或是顯現）。速度是一種概念，攸關於兩個物體（你和渡輪、你和地球、你和太陽……）。速度是兩種實體之間的關係，是只相對於其他事物而存在的屬性。

　　類似的例子還有很多：既然地球是一種球體，「上」和

「下」就不是絕對的概念，而是我們身處地球的相對概念。愛因斯坦的特殊相對論，是發現同時性的相對概念等。因此，量子理論的發現只是微不足道的。更激進的說法是：量子理論發現所有物體的屬性（變量），都是相關的，就像速度的情況一樣。

物理變量不描述事物：這些變量只是描述事物相互顯現的方式。如果不存在互動過程的話，賦予其價值是沒有意義的。

ψ波是和我們相關的事件，可能發生的機率[58]。波也是如此，因此這是一種透視量。每一個物體都有其對應物體，和相互作用之ψ波。一個物體的事件發生的機率，不會影響到其他物體發生事件的機率*。「量子狀態」ψ始終是一種相對狀態[59]。

世界是相對事實的網絡：當物理實體相互作用時，真實的關係實現。 一塊石頭碰撞到另一塊石頭。太陽的光線照射到我的皮膚；你正閱讀這些段落。

---

* 這是解釋關係的核心技術特徵。系統發生事件的機率由下列系統所確定，其轉變幅度是事件的函數，通過相對於同一系統事件函數的幅度實現；而不是相對於其他系統事件函數的幅度來實現。

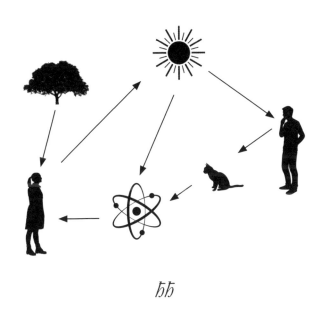

附

　　從以下思慮中浮現的世界，是一種稀奇的世界。在此世界中，物體不是孤立並具有明確屬性的實體；物體是一種只存在彼此互動，並且與其他事物具有適當關聯特徵的實體。石頭本身沒有位置：石頭只是具有和另外一塊石頭發生碰撞時相關的位置。天空本身沒有任何顏色：當我看著天空時，我的眼睛產生顏色。星球不是自主在天空中閃耀的實體：星球是在其所在的位置，形成星系相互作用時，網絡中的節點......。

量子世界遠比起我們受到傳統物理學的影響，所想像中的世界，更加脆弱。量子世界是由正在發生中、不連續，且無法永恆的事件所組成的一種世界。量子世界質地細膩，像是義大利威尼斯生產的蕾絲一樣複雜而脆弱。每一種互動都是一種事件，而這正是這些輕微而短暫的事件所編織而成的現實，而不是我們絕對屬性哲學所負載的沉重事物所發生的單一事件。諷刺的是這和莎士比亞在《哈姆雷特》中，哈姆雷特對著好朋友霍雷肖所說的：「霍雷肖，天上地下的東西越來越多，這比你的哲學所夢想的還要多……」這一句話，剛好相反；「霍雷肖，天上地下的東西越來越少，但是這比你的哲學所夢想的還要多……」。

電子的生命不是空間中的一條線：而是事件表現一條密密麻麻的點集合；這裡有一點，那裡也有一點。事件是點狀的、不連續的、機率性的，而且相對的。

安東尼‧阿吉雷（Anthony Aguirre）在《宇宙公案》（Cosmological Koans）中描述了下列結論的現象：

電子是在我們所進行測量和觀察中，所出現特殊類型規律的現象。這所呈現更多的是模式中的秩序，而不是物質。在此，我們邁向了一處陌生的領域。我們將事件分解成為更

瑣碎的碎片，但是當我們進行檢查，這些碎片並不在那兒。只是這些碎片剛好安排在那兒而已。那麼，什麼是東西？諸如船、船帆或是指甲之類的東西？什麼是東西的本體？如果事物存在於自身的形式，而且如果這一種形式，就是秩序，而秩序是由我們所定義的……，由我們宇宙創造的東西，這些東西存在，並且出現之後。佛陀可能會說，這些都是空性**60**。

我們所指稱的世界不是牢不可破，我們習慣於日常生活中的說法，並不能反映現實中實際的情況：這是我們宏觀視野下的結果。燈泡不會發出連續的光，燈泡會發出短暫的雹狀光子。這些光子產生於小點位，不存在一種連續性或固定性的特徵。在現實世界，這些光子存在於離散事件之中，其特性為交互性、間隙性，以及離散性。

薛丁格與量子進行了不連續性的殊死搏鬥。薛」格反對波耳的量子跳躍，反對海森堡的矩陣世界：他想捍衛古典物理學的連續實體概念。但是在20年代的衝突發生之後數十年，他投降了，並且承認失敗。「有那麼一刻，波動力學的發現者，要排除量子理論中的不連續性的幻想」。薛丁格的話言猶在耳：

最好不要將粒子視為永久實體,而是當為是一種瞬時的事件。有時候,這些事件形成了一條時間鏈,給人一種永恆的錯覺,但這些事件都只是在特定情況之下的個案,而且適用於每一個案的時間,都極為短暫[61]。

ЬЬ

在上一章,多重世界和隱藏變量,解釋這些概念的目標,是讓這個世界「滿足」於超過我們所可以看見的現實,以充分滿足古典物理世界的態度,藉以消弭量子的不確定性。但是這些方法的代價,是假設世界上充滿了我們看不見的東西。關係視角採取了理論的本身—— 這是我們擁有的最好理論—— 及其對於世界的粗略描述,並且接受了不確定性*。

---

* 在多重世界的解釋,每次我觀察到一個事件,有「另外一個我」,他觀察到不同的東西。在玻姆的理論中,只有ψ的兩個分量之一,包括我:另一個是「空」的。在關係解釋中,我的觀察,和另外一位觀察者所觀察到的內容脫節:如果我是一隻貓,要嘛睡著,要嘛醒著,但是這並不能防止干擾現象,因為相對於其他觀察者而言,並沒有現實的要素,可以限制此一類型的干擾。對於我而言,我所做的觀察是和事件相關的;對於其他人而言,則不然。

　　就像QBism所做的那樣。但是，雖然QBism是關於對於一種資訊主題的理解，對量子理論的關係理解，是關於世界的結構。

　　要理解量子理論，我們需要修改我們對於現實的理解語法。例如，阿那克西曼德明白地球的真實形狀，改變了「上」和「下」概念的語法 62。物體由變量描述，這些變量在以下相互作用的情況下取值：並且該數值是根據交互作用中的物體關係所確定的，而不是其他物體。實體只有一個，沒有一個，或是十萬個。

　　世界正在分裂，不承認單一的全球視野，已經成為了不同觀點之中的遊戲。這一種世界觀點，徒具表現形式，而不是具有明確實體的屬性，或是獨特的事實。然而，屬性並不徒留於物體之中，屬性屬於物體之間的橋樑。對象僅是相對於其他物體的對象，這些對象都是橋樑相交的節點。因此，世界是一場透視的遊戲，一場存在於鏡子之外，作為彼此反映的遊戲。

　　這種夢幻般的量子世界，也就是我們所處的世界。

四、編織現實的關係網

我將討論，事件會如何互相交談。

1.
糾纏

　　糾纏是一種微妙的、令人著迷的量子現象，體現了事物之間根本上的相互依賴，展現了對於量子現象著迷和夢幻的情境。

　　糾纏是所有量子中，最奇怪的現象，使我們遠離古早時代對世界現象的理解。但是從某種意義上來說，這也是屬於一般編織了現實的結構性質。這是兩種遙遠物體之間，保持一種奇怪聯繫的現象。這就好像在遠方的彼此，繼續說話。正如我們所說的，它們仍然「糾纏在一起」，或是鏈接在一起，就好像兩種能猜出對方的戀人，分開之後的思念，已在實驗室得到充分驗證。

　　中國科學技術大學上海研究院實驗物理學系教授印娟，她是「墨子號」量子科學衛星總設計師，成功地在「墨子號」的衛星上產生兩種糾纏光子，然後將仍然糾纏在一起的量子，各別送到地球上彼此相距數千公里遙遠的研究站[63]。

讓我們看看這是如何做到的。

首先，兩種糾纏光子具有相關特徵：如果一種是紅色的，另外一種也會是紅色的；如果一種是藍色的，則另外一種也全是藍色的。到目前為止，這沒有什麼奇怪的。如果我分開一對手套，送一個到維也納，送一個到北京，那一個送到維也納的手套顏色，將與到達的北京的手套顏色相同：它們都是相關的。

當一對光子發送之時，奇怪的量子疊加現象出現了，分別飛往維也納和北京。例如，它們可能處於疊加狀態的配置，其中兩者均為紅色，其中一種配置為兩者都是藍色的。每種光子可能會顯示為紅色，或是當觀察到它們的那一刻，就呈藍色；但是如果發現是藍色，那麼遠處的另一種光子的顏色，也將是藍色的。

令人費解的是：它們怎麼會變成這樣？產生了相同的顏色？理論指出，兩種光子中的每一個光子，既不是明確的紅色，也不是明確的藍色，直到它們之間相互作用才顯現顏色。當我們看的時候，顏色是隨機確定的。但是如果是這樣的話，北京確定的隨機顏色，怎麼會和維也納確定的隨機顏色相同？如果我在北京拋一枚硬幣，在維也納也拋一枚硬幣，結果是相互獨立的，他們並不相關：沒有任何因素導致

在維也納拋的硬幣成為人頭像的正面,在北京拋的硬幣也成為了人頭像的正面。

這似乎只有兩種可能的解釋。第一種是一個光子的顏色訊號進行傳播,極快地抵達另一處遙遠的光子;當一個光子決定是紅色,還是藍色;立即傳達訊息,以某種方式到達遙遠的光子兄弟。第二種合理的解釋,可能是光子在分離之時顏色已經確定,就像在手套分開的情況下一樣,即使我們沒有意識到(愛因斯坦預測的情況確實如此)。

這些解釋都不起作用。第一種意味著在遙遠的距離上,進行不可能的快速通信,這違背我們對於時空結構的所有快速訊號的所有理解。其實,我們沒有辦法使用糾纏的物體,來發送訊號。因此相關性和快速訊號傳遞都沒有關係。至於另一種可能性——光子,就像是手套,在分開之前就已經「知道」它們兩者都是藍色,或是都是紅色——這一種解釋也被排除在外。貝爾發斯特的物理學家約翰・貝爾於1964年撰寫精彩文章中,進行敏銳的觀察 64。從事粒子物理和粒子加速器設計工作的貝爾,理解量子理論,是由於他個人的好奇心。當時,幾乎沒有人關心這個問題。然而,今天他的成果是建立在以量子物理學而聞名的基礎上。

貝爾憑藉著優雅、微妙,而且非常技術性的推理方式,

顯示如果兩個光子從分離的那一刻起，就已經確定了所有關聯屬性（而不是由此刻偶然決定的觀察），精確的後果就會隨之而來（今天稱為貝爾不等式），這與我們實際的觀察互相矛盾。相關性絕對不會從一開始就決定65。

這看起來就像是一種沒有答案的謎題。兩種糾纏粒子，怎麼能做出相同的決定，而無需之前的協議，並且沒有互相發送訊息？這是什麼將他們聯繫在一起？

我的好朋友李博士回憶說，年輕時他躺在床上，連續數個小時望著天花板，研究糾纏。他在思考每個人體內的原子，一定在與宇宙中許多遙遠的其他原子發生過相互作用。他的身體中每一個原子，必須與分散在整個宇宙銀河系的數十億個原子，糾纏在一起。

糾纏顯示現實絕對不同於我們是如何構思。即使我們知道可能預測一種物體，或另外一種物體，我們仍然不能同時預測兩種物體66。兩種對象之間的關係，不是包含在其中一個，或是包含在另一個中的關係：除此之外，還有更多包含的東西67。

宇宙之間，所有成分之間的這種互連關係，令人不安。

劤

讓我們回到謎題：兩種糾纏粒子，沒有事前進行遠距離的溝通？如何以同樣的方式表現行為？

關係視角提供了一種解決方案，但是可以看到這一種觀點是多麼的激進。

解決方案在於記住只存在於相關屬性其他事物的存在地方。在北京進行測量的光子的顏色，決定了對應於北京的顏色。但是對於維也納而言的測量則不然。反之亦然。因為沒有任何物理個體，可以看到兩次測量時的兩種顏色。問兩種結果是否相同，或是不同，這是沒有意義的，因為沒有實現了相同性的對應對象。

只有上帝才能同時看到這兩種地方。但上帝，如果祂存在的話，不會告訴我們祂所看到的。祂所看到的，與現實無關。我們不能依賴只有上帝才能看到事物的存在。我們不可以假設兩種顏色都存在，因為沒有任何相對應的東西，兩者都可以確定。只有與某件事物相關屬性的存在，是真實的：這兩種顏色相對應於任何事物的組合，都不存在。

我們可以比較北京和維也納的兩次測量結果，但是比較需要交換訊號：

兩個實驗室可以互相發送電子郵件，或是電話進行交談。發送一封電子郵件，需要時間，電話裡的聲音也需要時間：沒有什麼是可以瞬間傳播的，訊號的交換是一種互動，現實的新元素由此產生。

當北京的測量結果到達維也納，通過電子郵件或電話，只有這樣才成為現實。但是這個時候，已經沒有了神秘的遠程訊號：就維也納而言，北京光子顏色的具體化僅發生在訊號到達之時。當北京正在進行測量，相對於維也納而言，仍然處於量子疊加狀態。科學家運用設備進行測量、閱讀，在筆記本上作記錄，書寫測量結果所傳達的消息，都是量子物體本身。直到他們與維也納進行溝通。相對於維也納的條件來說，北京測量的結果是不確定的：針對維也納而言，他們都像是貓處於醒著和睡著的疊加狀態。他們處於具有的一種量子疊加的結構之中，包含了測量了藍色的光子，或是測量了紅色的光子。

對於北京來說，情況恰恰相反。對於彼此而言，在訊號到達之前，相關性不會變得更真實。這樣，我們就可以無需求助了解神奇地交換訊號，或是預定結果的相關性。

　　這是解決這種難題的一種辦法，但是這是有代價的：不存在一組普遍的事實。北京存在的相關事實，和維也納存在的相關事實，兩者並不相符。這是一位觀察者看到的相關事實，並不會是另一個觀察者看到的相關事實。這是現實相對性的一個活生生的例子。

　　兩種物體的聯合屬性，僅存在於相關的第三者。我們說到兩種對象是相關的，意味著模擬與第三種對象有關的東西：當兩種相關對象相互作用之時，就會展現了第三種對象，可以進行檢查。

　　兩種糾纏物體之間的遠距離通訊，這些事件引起了明顯的不協調，是由於忽視了以下的事實：第三種物體的存在，和兩種系統交互作用是必要的，這可以提供真實事件的相關性。這一切展現出來的東西，都會和某件事物相關。兩種對象之間的相關性，就是兩種對象的屬性，像是所有屬性一樣，存在僅與第三種對象更進一步的關係。

　　糾纏不是兩位舞伴的舞蹈，而是一場三位舞者的舞蹈。

2.
三人之舞編織世界關係

　　塞林格觀察光子，發現它是紅色的。他採用了溫度計測量蛋糕的溫度。測量是一種物體（例如，光子、蛋糕）和另一種物體（例如，塞林格、溫度計）的交互作用。結束時，一種對象收集了有關另一種物體的資訊。溫度計已經測量了正在烘烤蛋糕的溫度資訊。這意味著溫度計和蛋糕之間存在著相關性。測量之後，如果蛋糕是冷的，則溫度計顯示寒冷（其水銀汞柱的標示為低的）；如果蛋糕很熱，溫度計會顯示熱量（水銀汞柱標示為高的）。溫度和溫度計變得像是兩種光子一樣：相關。

　　現在：如果蛋糕處於不同的量子疊加溫度的狀態，那麼相對於溫度計來說，蛋糕在交互作用的過程之中，已經表現出溫度的特性之一。但是相對於第三種系統，不存在任何交互作用產生，也沒有任何屬性顯現出來；蛋糕和溫度計遭到了糾纏。

這就是薛丁格的貓所發生的情況。對於貓來說，要嘛就是睡覺，要嘛就是不睡覺。對於我來說，還沒有打開箱子之前，睡覺和貓糾纏在一起：量子疊加在於打開了催眠劑開關／貓睡著了；關閉了催眠劑開關／貓醒了。

因此，糾纏絕不是在特定情況下發生的一種罕見現象：當交互糾纏被認為和其外部的系統有關，糾纏通常發生在交互作用之中。

從外部的角度來看，任何一種物體的表現形式，對於另外一種物體（即任何物體）有相關性。這是一種物體與另一種物體之間的糾纏。

總而言之，糾纏就是外在對於編織現實關係的看法：在某種過程中，一種物體向另一種物體的展現了相互作用，實現了物體的屬性。

55

你看著一隻蝴蝶，就會看到蝴蝶翅膀的顏色，在蝴蝶與我之間的關係，你看到你與蝴蝶的關係：蝴蝶和你現在處於糾纏的狀態。即使蝴蝶遠離了你，事實依然是存在著。如果我看蝴蝶翅膀的顏色，並且問你是哪一種顏色—— 你所看到

的，我會發現我們的答案相互呼應……。

即使，有可能發生了**蝴蝶是不同的顏色**的微妙干擾現象，由此配置產生。

我們擁有關於世界的所有資訊，其外部因素就在這些相關性當中。由於所有的屬性，都是相對性的屬性。除了這種糾纏之網以外，世界上的一切都不存在。

但是這種瘋狂的論述，也是有方法解決的。如果我知道你看過蝴蝶的翅膀，你告訴我蝴蝶的翅膀是藍色的，我知道如果我看著翅膀，我會看到藍色：這就是理論的預測，儘管事實以屬性來說，是相對的 **68**。由於觀點的碎片化，支持這一種事實，而開闊了多種觀點的性質，只是相對性的觀點。通過這一種語境修復，變得連貫而具有一致性，這是語法的固有理論 **69**。這種一致性，是互為主體的基礎，這也是奠基我們客觀性世界的共同願景。

為了我們大家，蝴蝶的翅膀永遠是同一種顏色。

3.

資訊

　　我以下列內容的評論，來結束本書的第二部分所談的資訊在量子理論中的作用。言語從來都不是預先的前提：語言承載了豐富多彩的含義，以及相互凝聚的表述能力。但是語言也會產生混亂，因為你知道「有時候單詞有兩種意義」。我過去用過一些「資訊」詞彙，這是一種充滿歧義的詞語。這是用來表示在不同的背景之下，擁有完全不同的事情。

　　資訊通常用來指擁有意義的事物。例如，我們父親的來信「資訊豐富」。 為了破譯這一類的資訊，你需要擁有理解信中句子意思的頭腦。這是資訊的「語義」概念，也就是說與意義相關。但是「資訊」一詞，還有一種用法，也就是更簡單的說法，並且和語義，或心靈無關。資訊直接來自物理學，即使我們不說明下列的思想，還是意義，這就是我上面所做的，寫下溫度計所顯示的「溫度的資訊」。蛋糕的溫度，只是為了說明烤蛋糕的時候，如果蛋糕是冷凍的，則溫

度計顯示冰冷的溫度，如果蛋糕是熱燙的，溫度計記錄了熱騰騰的溫度。

這就是「資訊」一詞在物理學中的一般性簡易含義。如果我扔了兩枚硬幣，就會有四種的可能結果（正面—正面、正面—反面、反面—正面，以及反面—反面）。但如果我將兩枚硬幣粘到一塊透明的塑膠上面，兩種面都朝上，讓它們掉落，不再會有四種可能的結果，只有兩種：正面　正面和反面　反面。一枚硬幣的正面意味著另一枚硬幣的正面。用物理學的語言來說，兩枚硬幣的正面或反面「相關」，或者說兩枚硬幣的正面或是反面「擁有彼此的資訊」。如果我看到一面，會「告知」我看到另一面*。

說到一種物理變量「擁有關於另外一種物理變量的資訊」，在某種意義上來說，只是物理變量存在某種形式的聯結（共同的歷史、物理聯繫、粘合塑膠片）。由於其中一種變量的值，暗示著其他變量的值70。這就是我在這裡使用「資訊」一詞的含義。我猶豫是否要談論本書中的資訊，因

---

* 如果兩個變量可以處於（can be in）的狀態，少於每個可以處於的狀態數的乘積（the product of the number of states），則這兩個變量擁有「相對資訊」。

為此名詞如此含糊不清：每個人都本能地傾向去讀他們想閱讀的資訊，這也變成了理解上的障礙。但我干冒風險，將資訊含括在內，因為資訊的概念，對於量子來說很重要。請記住，這裡使用的「資訊」是指物理意義上的資訊，這所談的資訊和感覺，和語義無關。

ㄅㄅ

這也澄清了下列的重點：量子物理學作為一種資訊理論，其系統間存在著相互關聯性。也就是一種物體的屬性可以被視為建立兩種對象之間的關聯性，或更確切地說，作為一種對象和另外一種對象相互間的資訊。

這在古典物理學中，也是如此。但是上述的語言，讓我們能夠找出古典物理學和量子物理學之間的區別。這些事實從根本上區別了量子物理學和古典物理學，一般來說，可以用兩點，說明了物理科學中量子新穎性[71]：

一、物體的最大相關資訊量是有限的[72]。
二、任何物體隨時可以獲得嶄新的有關資訊。

　　這兩種事實是如此的基本，以至於被稱為「設定」。乍看之下，這兩種設定之間，似乎相互矛盾。 如果資訊是有限的，怎麼可能總是能夠獲得更多的資訊？這一種矛盾是顯而易見的。因為這些設定，引用了「相關」資訊。

　　相關資訊是對預測對象的未來行為，具有重要意義的資訊。當我們獲得新的資訊，部分舊的資訊變得「無關緊要」。也就是說，舊資訊不會改變關於未來的說法73。

　　量子理論總結為這兩種設定74。讓我們看看將來會如何。

一、資訊是有限的：海森堡原理

　　如果我們能夠無限精確地了解所有物理變化，以及獲得描述事物的能力，我們將有無限的資訊。但這是不可能的。普朗克常數ㄏ75的極限已經確定，這就是普朗克常數的含義，也是我們可以確定物理變量的極限。

　　海森堡構思這個理論之後不久，於一九二七年揭露了這一項重要的事實76。他證明如果我們掌握某事物的位置精確度是 ΔX，而我們掌握其速度（動量）資訊（乘以質量）的精確度為 ΔP。兩種精度不可能面面俱到。兩者不能太接近於零，甚至其乘積皆不能小於最小的數量：普朗克常數的一

半。

如果以一種公式呈現，公式是這樣的：

$$\Delta X \ \Delta P \geq \hbar/2$$

其內容如下：「Delta X乘以Delta P，總是大於或等於h-bar除以二。」這個現實性質，被稱為海森堡不確定性原理，適用於一切。

直接的結果呈現就是粒子性。例如，光是由光子或光粒子所組成的，因為比此種更微小的能量，如電場和磁場（就像X和P，代表了光）會違反這一種原理，並且會違反第一種假設。

二、資訊是取之不盡、用之不竭的：不可交換性

不確定性原理並不意味著我們不能高度精確測量粒子的位置或速度。我們可以測量，但測量之後，當我們進行第二次測量時，該位置將不再是同樣的位置：測量速度，將會喪失位置資訊，所以如果我們再次測量，我們會發現粒子發生了變化。

　　這是從第二種假設得出的，該假設是說，即使我們已經蒐集了最多的資訊，物體仍然有可能學到一些相關，且意想不到的東西。未來不是由過去所決定的：世界是機率性的。

　　由於測量P會改變 X，因此先測量X，然後再測量P；與先測量P，再測量X，所得出的結果不同。因此在數學中「先是X，然後是P」，換成是「先是P，然後是X」，必然是不同的[77]。這正是以下表徵矩陣：階數的性質[78]：

　　記住量子理論引入的新方程式嗎？

$$XP - PX = i\hbar$$

　　這恰好告訴我們次序的重要性：「先是X，然後P」與「先是P，然後X」不同。這有何不同呢？這將取決於普朗克常數的量：量子現象的尺度。這就是為什麼海森堡的矩陣將起作用：因為海森堡的矩陣考慮了資訊的次序。海森堡原理，也就是上述的方程式，接下來是依據此一等式執行的幾種步驟，總結了一切。這種方程式將以下列兩種假設，轉化為量子理論的數學術語。反之亦然。這兩種假設都表達了物理意義。

　　在狄拉克版本的量子理論中，甚至不需要應用矩陣：一

切都可以通過簡單方程式的運算，獲得「非交換」變量。也就是說，狄拉克在寫物理學之時，是一位詩人：他簡化了一切事情到了極致。「非交換」意味著：讓他們的順序不能自由更改。狄拉克稱非交換變量「Q數」：由此定義的數量方程式。他們自命不凡的數學名字是「非交換代數」。

還記得塞林格的光子，我開始用它來描述量子現象？他們可以從右邊通過，

或在左邊通過，最終向上通過，或是向下通過。他們的行為，可能由兩種變量進行描述：變量 X 可以具有「右」或「左」數值，以及可以具有該值的變量 P「上方的」或「下方的」數值。這兩種變量，就像位置和粒子的速度：它們之間並不交換。因此，他們不能同時確定。這就是為什麼如果我們關閉確定了第一個變量的路徑之一（「右」或「左」），第二個數值是不確定的：光子「上方的」或「下方的」隨機移動數值。反之亦然，為了讓第二個變量確定之後，讓光了全部「下降」，請注意我們很難確定了第一個變量；那是光子必須通過「向右」和「向左」兩條路徑。整體現象遵循以下方程式：也就是說這兩種變量「不交換」（或是難以交換），因此不能一塊兒確定。

肵

　　單一的一個方程式就編寫了量子理論符碼。這意味這世界不是連續的，而是顆粒狀的存在，其中不存在無限小，也就是說事物不可能變得無限小。這告訴我們，未來不是由現在所決定的，這也同時告訴我們，物理事物只具有相關到其他物理事物的屬性。這些屬性僅當事物相互作用時，才是有意義的。這也告訴我們，觀點有時不能並列。

　　在日常生活中，我們沒有意識到：量子干擾迷失在宏觀世界的嘈雜聲中。我們只能通過盡可能地隔離物體，細緻的觀察，才能揭示[79]。顯然要看到真正的量子，我們必須盡可能地隔離物體。如果我們不觀察干擾，我們可以忽略疊加的現象，並將其重新解釋為無知：我們只是不知道是否貓是睡著，還是醒著。我們沒有必要認為因為是量子疊加狀態，所以有量子疊加狀態。因為這種問題經常令人困惑，這意味著我們只是看到了微妙的干擾現象。醒著的貓和睡著的貓之間的干擾，已經迷失在我們周圍世界的喧囂當中。當干擾消失了，我們可以將事實當作穩定的。也就是說，我們可以忘記它們相對於其他事物而言，才是正確的[80]。

　　此外，當我們以平常生活尺度觀察世界時，我們看不出

這世界的粒子性。我們看不到單個分子，我們只能看到整隻貓。由於變量較多，波動變得無關緊要，機率性接近了確定 **81**。世界上無窮無盡波動量子的不連續事件，被我們以日常經驗簡化為少數幾種連續且良好的定義變量。以我們的尺度來看，世界就像是我們從月球上所見的波浪翻騰的海面，只是一片藍色大理石的光滑表面。

因此，我們的日常經驗與量子世界相左，量子理論融合了古典力學和日常對於世界強調近似的看法。我們理解量子力學，就像一個視力極佳的人，試圖了解近視者的視覺經驗。在分子的尺度上，鋒利的刀刃就如同暴風雨中海洋的邊緣波動一樣曲折而不精確。碎波在海岸的白色沙灘上逐步消散。

古典世界觀的堅實立場，算不了什麼，除非我們自己罹患了近視，所見不明。古典物理學的確定性只是機率。所有舊式物理學清晰而堅實的畫面，所映照的世界，都只是一種幻覺。

城城

1947年4月18日，在神聖的黑爾戈蘭島上，英國皇家

海軍毀掉了 3,997 噸黃色炸藥——這是德國陸軍遺留下的彈藥。這大概是傳統炸藥製造史上，有史以來最大的爆炸，使黑爾戈蘭島滿目瘡痍。彷彿就像人類試圖抵消現實中，一位年輕的物理學家在島上提出理論後所衍生的裂痕。

學界的裂痕依然存在，其這所引發的觀念爆炸，比任何數千噸的黃色炸藥，更有破壞性。——我們知道現實的架構已經碎裂的一乾二淨了！

這一切讓人迷失方向。物理現實的基礎，所有參考文獻的無限回憶，似乎在我們的手指間斷然消融。

我停下書寫，看到窗外仍然積雪。在加拿大，春天來得很晚，我的房間的壁爐裡生著柴火，我起身添加另一根木柴。我正在寫關於現實的本質。我檢查火焰，並好奇我正在談論哪一種現實。雪是現實嗎？閃爍的火焰是現實嗎？或者我讀過關於書本上的現實？也許只有火焰的溫暖，傳達到我的皮膚才是埧實。火焰中閃爍的紅橙色，還是瞬間即將到來的微弱白藍色？

有一瞬間，連這些感覺都熔化了。我閉上眼睛，看到色彩鮮豔的明亮湖泊，像窗簾一樣分開，我感覺自己正在墜落。這也是現實嗎？紫色橙色的形狀，在跳舞，而我自己已經不在那裡了。

　　我啜了一口茶，點燃了火，微笑吧。我們在一種不確定色彩的海洋之中，並藉可供使用的優質地圖來定位自己。但我們心理的地圖和現實之間，擁有相同遙遠的距離。這就像是水手的地圖，和狂暴的海浪間，撞擊懸崖，海鷗盤旋鳴叫，一樣的遙遠。

　　但是一種脆弱的網絡，形成了我們的心理組織用笨拙的工具，來探索無限的神秘──我們正居於一種光學神奇幻彩的萬花筒中，對此世界的存在，感到萬分驚訝。

　　我們可以對我們僅有的地圖充滿信心，毫無疑問地穿越，畢竟，地圖讓我們生活得很好。我們可以保持安靜，受到美麗的光明和無限所淹沒。我們也可以耐心地坐在辦公桌前，點燃蠟燭；或是轉身在超薄麥金塔筆電工作；或是去實驗室，與學術界的朋友或宿敵討論，或是退休之後到神聖島嶼去計算，或是在黎明時分攀岩；或者喝一點茶，挑動壁爐裡的木柴火焰，又開始寫作，試圖了解更多的真理，重新思考自然；並且拾起海圖，再次為了改善精度，進行偉大的奉獻。

第3部

五、明確的描述對象，包括對象自身表述

在這裡，我將問道：

這一切關於現實的想法，對於我們來說意味著什麼。

而我體會到，理論概念的新穎性，或許並不是那麼新。

1.
亞歷山大‧波格丹諾夫和弗拉基米爾‧列寧

　　1909年，在1905年的革命失敗四年之後，或是1917年10月革命勝利前八年，列寧以筆名「V. Il'in」，用最具哲學性的文本架構，出版了《唯物主義和經驗批判主義》[82]。列寧隱含的政治目標，是布爾什維克黨的思想家、共同創始人兼負責人，在此之前是朋友和盟友的亞歷山大‧波格丹諾夫（Aleksandr Bogdanov）[83]。

　　在革命前的幾年中，波格丹諾夫出版了一部三卷本的反動哲學的批判評論著作[84]，提供了革命運動的普遍性理論基礎[85]，稱為經驗批判的哲學觀點主義。列寧開始在波格丹諾夫身上，看到一位強而有力的對手，開始害怕他意識形態的影響層面。在列寧自己的書中，列寧猛烈地批評經驗批判主義、「反動派哲學」，並且堅決捍衛他所謂的唯物主義。

　　「經驗批判主義」是恩斯特‧馬赫所聯想到的名字，以適應他自己的想法。（本書最前面提到的）恩斯特‧馬赫，

還記得他嗎？曾經是愛因斯坦和海森堡的哲學靈感的源泉。馬赫不是一位系統哲學家；有時候他的工作缺乏清晰度。但是我相信他對於當代文化影響力的廣度和深度，被低估了，他是一位系統哲學家86。

馬赫啟發了20世紀的開始——兩個偉大的物理學世紀革命：相對論和量子論。

他對科學研究的誕生，以其洞察力發揮了直接作用。他是政治哲學的中心，導致了俄國革命的辯論。他對於維也納學派創始產生了深遠的影響力（官方稱其名稱為恩斯特·馬赫維也納學派，或是恩斯特·馬赫社會學派）。其邏輯的哲學，在實證主義的環境中萌芽，是當代許多問題的根源，「反形而上學」亦直接繼承自馬赫的科學哲學，甚至影響到美國實用主義，當今分析哲學學派的另一根源。

馬赫甚至在文學上留下了印記。

20世紀傑出的小說家羅伯特·穆齊爾，根據他的工作完成博士論文。

他的第一部小說《學生托樂思的迷茫》（1906年）的主角所歷經的事情的困惑，以激烈的討論，重新審視論述科學解讀世界意義的主題。穆齊爾的主要作品《沒有個性的人》（1930年至1943年）也從第一頁開始，面向陽光明媚的一

天，以科學的巧妙雙重描述，開始日常事務，問了以上的問題[87]。

馬赫對物理學革命的影響，幾乎是個人的。他是沃爾夫岡・包立父親的老朋友，同時也是海森堡與包立在討論哲學時的教父。愛因斯坦在蘇黎世有一位朋友、同事兼學生——奧地利社會民主黨的黨魁和創始人之子弗里德里希・阿德勒（Friedrich Adler），其思想和馬赫和馬克思兩位的思想雷同。阿德勒成為工人社會民主黨的領袖，並抗議奧地利投入第一次世界大戰。阿德勒企圖暗殺奧地利總理卡爾・馮・斯特格赫（Karl von Stürgkh）。監禁在監獄期間，寫了一本關於恩斯特・馬赫主題的書[88]。

簡而言之，馬赫站在一個非凡的十字路口：科學、政治、哲學，以及文學。 還有一些人仍然將自然科學、人文科學，以及文學視為毫無相干的學科。

馬赫的主要爭論目標是十八世紀的機制：一切現象，都是穿過空間的物質現象產物的觀念。馬赫認為進步的科學，顯示「物質」的概念是不合理的，這是一種「形而上學」的假設一種使用已久的模型已經滿足了一段時間，從中我們需要學習如何擺脫窠臼，就不會成為形而上學的偏見。科學必須擺脫所有形而上學的假設：知識應該基於「可觀察」的現

象。

這一段讓你想起什麼了嗎？這正是海森堡神奇著作的前提，是在黑爾戈蘭島上，開啟了通往量子理論和本書講述的故事之路。海森堡的文章這樣開頭的：「這項工作的目的是奠定了基礎量子力學理論，在原則上立基於可觀察量之間的關係。」這幾乎引用了馬赫的話。

知識必須建立在經驗之上，並且止於觀察的觀念，當然不是原創的，這是古典經驗主義的傳統。即使不用一直追溯到亞里斯多德，也得追溯到洛克和休謨。重點是根據知識中主體與客體之間的關係，以及對於世界「如其本來面目」可能性的懷疑，造就了偉大的德國理想主義者，以及該主題的哲學中心性。馬赫，一位科學家，將注意力從主題轉移到經驗本身——他稱之為「感覺」。他研究科學知識在此基礎上發展的堅實形式經驗。他最著名的著作，探討了歷史力學中的演變[89]，以最經濟的方式，整理感官世界已經知道的事實，揭示物理運動的解釋。

馬赫並不將知識視為一種依據直覺，或是超越感覺，進行現實演繹或問題推論的假設，而是作為尋找有效組織我們感官的思維方式。對於馬赫來說，我們所感興趣的世界，正是由感覺所構成的。對於謊言的任何堅定假設，我們懷疑其

立基「背後」的支撐理論，僅是一種形而上學的形式。

「感覺」的概念，在馬赫的定義中是含糊的。這是他的弱點和優點，馬赫採用了這種生理學的感覺概念，作為一個通用獨立於心理領域的概念。他使用「元素」一詞（類似於佛教中的「法」）。「元素」不僅僅是一種人類或動物的經驗感覺，「元素」是任何在宇宙中的預兆顯現。這一種「元素」不是獨立的：而是通過關係聯繫在一起。馬赫所說的「函數」，就是科學研究的內容。馬赫的哲學雖然不精確，但卻是取代物質機制的自然哲學，以真正一組通用元素，以及藉由函數一起在空間中移動90。

這種哲學立場的吸引力，在於消除了提出關於存在現實的每一種表面現象背後之既定假設，及基於現實的每一種假設所經歷的主體。對於馬赫來說，沒有物質世界和精神世界間區隔：「感覺」既是身體的，也是精神的，這是真的。伯特蘭‧羅素闡釋描述了同樣的想法：「世界的構成，不應分成物質、心靈兩種類型，這只根據其相互關係，簡單地排列成不同的形式：某些安排可稱為心理，而其他配置可能被稱為物理」91。現象背後的物質現實的想法消失了；「知道」的精神消失了。對於馬赫來說，知識屬於擁有，這不是唯心主義的抽象「主體」：相反的，這也取代了具象的人類活動，

在具象的過程之中，依據馬赫的理論，學會了在交互世界之中，盡可能地組織事實。

歷史和具體的觀點，引起了馬克思和恩格斯的思想共鳴。對於他們來說，知識是具體人類史的一部分。當我們居住於某行星，面對了實際的生物、歷史和文化，事實上，我們的知識就受到了限制，包括任何非歷史因素，每一種絕對的渴望，或是假設確定，都是限制。可以從生物學的角度來解釋經濟學，作為簡化我們與世界互動的工具，這不是一項最終知識，而是一項持續知識取得過程。對於馬赫來說，知識是自然科學，但是這一種觀點與辯證法的歷史唯物主義，並不遙遠。馬赫的思想在革命前的俄羅斯，與恩格斯、馬克思，以及革命前波格丹諾夫相互激盪，取得共鳴。

列寧的回應是嚴厲的。在唯物主義和經驗主義之中，列寧及其黨羽對於馬赫思想發起全面性攻擊，並隱約攻擊波格丹諾夫。他們指責馬赫和波格丹諾夫產生了嚴重的罪惡：「反動」哲學的實踐。1909年，波格丹諾夫被布爾什維克的地下報紙《無產階級》編輯委員會開除，不久之後從中央委員會除名。

列寧對馬赫的批評，以及波格丹諾夫的回應，引起了我們的興趣[92]。不是因為列寧是列寧，而是因為他的批評，是

一種對於量子理論想法的自然反應。同樣的批評，自然也會
發生在我們身上。恰好列寧和波格丹諾夫爭論的問題，又回
到了當代哲學。他們的討論提供了理解量子關鍵性革命的意
義。

肠肠

　　列寧指責波格丹諾夫和馬赫是「理想主義者」。對於列
寧來說，理想主義者超越精神，將現實還原為內容意識，否
定現實世界的存在。

　　列寧認為，如果只有「感覺」是真實的，那麼外部假設
現實都不存在：我們生活在一個唯我論的世界之中，那兒只
有我自己和我的感覺。我拿我自己這個主體來說，自己做為
了唯一的現實。對於列寧來說，這種理想主義是敵人思想的
表現：這純粹資產階級主義。列寧反對唯心主義，也反對物
質主義中看到人類主義—— 人類意識和人類精神—— 成為具
體世界外的另一種對象：這是已知，只由運動中的物質所組
成的空間。

　　無論我們如何看待共產主義，列寧毫無疑義是一位非凡
的政治家。他的哲學知識和科學知識，也令人印象深刻；如

果我們今天擁有像是列寧一樣具有豐富學養的政治家，也許當選之後，政治管理會更加有效。但是，列寧並不是偉大的哲學家。他哲學思想的影響更多是由於他在政治舞台上長袖善舞，他及繼位者史達林在長期統治之下，形塑了統治的英雄地位，而不是由於他在理論論述的深刻性。馬赫的論述比較好93。

波格丹諾夫回答列寧說，他的批評沒有注意到論述的觀點。馬赫的思想不是唯心論，更不是唯我論。他知道人類不是孤立的、超越性的主題；馬赫談論的不是唯心主義中哲學的「我」：而是真實的人類沉浸在具體的歷史之中，是自然世界的一部分。這一種「感覺」並不是存在於「我們的頭腦之中」。「感覺」是世界上的自然現象：這個世界向世界展示了自己。「感覺」沒有找到自我，是和這個世界分離的：「感覺」來到了皮膚，來到了大腦、視網膜的神經元、我們耳朵內的受體。這些都是自然元素。

列寧在他的書中，將「唯物主義」定義為相信世界存在於我們的思維之外94。如果這是唯物論，那麼馬赫絕對是唯物主義者；我們都是唯物主義者。甚至教皇也是唯物主義者。但是隨後，列寧以為，唯物主義唯一可以接受的版本只有下列這一種想法：「除了運動中的物質，世界上沒有任何

東西」；在「空間和時間」之中，並且我們可以通過物質的知識，導出「某些真理」。波格丹諾夫強調科學，斷言這些強制措施對於科學，和脆弱歷史的損害，同樣的沉重。當然，世界在我們的思維之外，但是事情比素樸的唯物主義，更要微妙得多。我們的選擇，不僅只存在於我們的頭腦中的想法，或是僅由運動中的物質粒子決定，而是在世界之中呈現。

當然，馬赫並不認為我們的想法，沒有任何出路——相反的，他感興趣的恰恰是我們心智之外的東西（無論「心智」是什麼）：自然，以其複雜性存在，而我們恰巧是其中的一部分。自然呈現其本身，形成為一組現象，馬赫推薦我們研究這些現象，以理解其概念結構，建立綜合內涵，而不是假設先驗的基本現實。

他最激進的建言，是停止思考作為物體的表象，而思考對象作為現象之間的節點。這不是　種列寧認為意識內容的形而上學：這是一種物體本身關於形而上學的退思。馬赫對機械世界和萬物有靈論的想法，同樣不屑一顧：「在我們看來，（機械）世界的概念是一種機械神話，就像古代宗教萬物有靈論的神話一樣」95。

愛因斯坦在許多場合，都曾表示他對於馬赫的感激之

情 96。馬赫對「形而上學」假設的批判，存在著一種真實的固定空間，事物在「其中」移動，打開了他的廣義相對論之門。

在馬赫閱讀科學所開闢的空間之中，他不認為任何事情的現實，是理所當然的。他認為現象應該受到組織，海森堡導入了這一種觀點，他從電子中移除其軌跡，並且只是根據其表現形式，重新詮釋。

在同一種空間之中，關係解釋的可能性，開啟了量子力學：我們認為這個世界係為元素在物理系統之中，彼此之間的關係表現，而不是屬於彼此之間的絕對屬性系統。

波格丹諾夫批評列寧讓「物質」成為絕對性和非歷史範疇之物，形成了一種馬赫所稱之「形而上學」的範疇。他首先不贊成列寧忘記了馬克思和恩格斯的重要教誨：歷史是一種過程，知識也是一種過程。波格丹諾夫寫道，科學知識不斷增長，物質的概念僅適合我們這個時代的科學，也可能只是一種我們在知識道路上成長的中間階段。現實可能比我們在十八世紀學習的物理學，所要談論的素樸唯物主義，還要複雜得多。這些預言性的話語，沒有多久就應驗了。數年之後，維爾納·海森堡打開了通往現實的量子水準。

更令人印象深刻的是，波格丹諾夫對於列寧的政治回

應。列寧談到絕對的確定性。列寧提出了馬克思和恩格斯的歷史唯物主義，彷彿是時代中失效的臭裹腳布。波格丹諾夫指出，這種意識型態的教條主義，不僅不符合科學的動態整體思想。同時，也導致政治教條主義的僵化現象。波格丹諾夫在動蕩的局勢中辯稱，俄羅斯革命經過多年之後的餘波，創建了一種新的經濟結構。如果像是馬克思所說的那樣，文化透過了經濟結構的影響，那麼革命之後的社會，將不會產生一種正統馬克思主義在革命之前就已經形成的窠臼文化。這種論述真精闢。波格丹諾夫的政治綱領，是將權力和文化留給人民，培育新的、集體的、慷慨的，且因革命夢想而開闊的文化。相反的，列寧的政治思想計畫，是為了加強前衛式的革命，需要指導人類的真理寶庫。列寧在《唯物主義和經驗批判主義》，以唯物主義相當令人厭惡的寫作風格，反映了哲學立場：「以憤怒的道德語氣，以詛咒和逐出政黨的微弱迴聲進行謾罵」97；「這可能是有史以來最粗魯的哲學發表著作」98。

波格丹諾夫預測列寧的教條主義，將封印俄國革命成為了一潭死冰；阻止了進一步的演化；並且藉由革命，窒息所有已經獲得的新生命，並且造成僵化。這些也都是預言性的文字。

�》

「波格丹諾夫」是筆名，藉以躲避沙皇警察的追緝。他原名為亞歷山大・亞歷山德羅維奇・馬林諾斯基，是一位鄉村教師的兒子，在六兄弟中排行老二。傳說他從很小的時候，就很獨立，又很叛逆。他在一歲六個月的時候，在一場家庭爭吵中，說的第一句話就是：「爸爸是白痴！」99。

感謝他父親受到提拔（他不是一個白痴爸爸），到大城市學校擔任物理教師，年輕的亞歷山大可以使用圖書館，以及心理物理實驗室的學習設施。他獲得獎學金去念高中，後來在學校中寫道：「精神上的封閉，以及教師們的惡意，教會了我對於現有權力的警惕，並學會抵制一切權威」100。同樣對於權威本能的厭惡，引導了與他年齡相近，但是稍微年輕的阿爾伯特・愛因斯坦。

波格丹諾夫以優異的成績，從學校畢業，進入莫斯科大學學習自然科學。他加入了一個學生組織，幫助來自不同省份的同志。他開始參與政治活動，多次被捕。他為了卡爾・馬克思的《資本論》和馬赫的《感覺的分析》俄語版翻譯出版進行了貢獻。他從事政治宣傳工作，為工人撰寫經濟學通

俗讀物，在烏克蘭學習醫學，再次被捕，並且流放。在蘇黎世，他結識了列寧。列寧是一位布爾什維克運動領導者，波格丹諾夫擔任了類似於列寧的副手；事實上，他是一位領導者。在接下來的數年中，與列寧一起經過了爭論，他與領導階層疏遠了，並且革命之後，與革命核心力量保持距離。他仍然普遍受到尊重，並繼續產生強大的文化、道德和政治的影響力量。在20世紀20年代和30年代，他是「左翼」地下反對派的革命標竿。從反對布爾什維克專制統治，尋求捍衛革命成果，後來遭到史達林的無情鎮壓，直到解散為止。

　　波格丹諾夫理論著作的核心概念，是組織的概念。社會生活是集體的組織工作。知識是經驗的組織和概念。上述的概念，可以理解作為組織、結構的現實整體性。波格丹諾夫提出對圖象世界的建議，是基於一系列的組織，逐漸變得更加複雜：從生命中物質形成最小元素進行相互作用，通過生活中器官發展，以建構了個人經驗的組織型態的生物發展，直至科學性的實體知識。對於波格丹諾夫來說，這是一種集體性的組織經驗。通過諾伯特‧維納的控制論，以及路德維希‧馮‧貝塔朗菲的系統理論，這些想法將產生鮮為人知，但是對於現代思想深遠的影響，包括了控制論的誕生、複雜系統科學，直至當代結構的現實主義。

在蘇維埃俄羅斯，波格丹諾夫成為莫斯科大學經濟學的教授，指導共產黨學院，並且重新出版了他早期的科幻小說《紅星》，成為出版界的成功暢銷書。 小說描述了火星上的烏托邦。自由主義社會已經克服了一切。男性和女性使用有效用於處理經濟數據的統計裝置，向各行各業準確顯示需要生產什麼，以及失業者究竟在哪些工廠尋找工作等，這讓每一種人，都可以自由選擇他們應該生活的方式。

他專注於組織無產階級文化中心，形成了一種基於協作、相互支持，積極而不是競爭，可以自主地綻放的新穎文化。列寧再次從這項運動之中繼續邁進，波格丹諾夫致力於自我提供解藥。他是一名受過訓練的醫生，並且在第一次世界大戰期間，在前線擔任過醫生。他建立了莫斯科醫學研究委員會，並成為輸血先驅。在波格丹諾夫選擇革命合作夥伴的意識形態之中，輸血象徵著男性和女性合作和分享潛力。

他是醫生、經濟學者、哲學家、自然科學家、科幻小說家、詩人、教師、政治家、後代控制論，組織科學家、輸血先驅，以及終身革命者，亞歷山大·波格丹諾夫才華橫溢**101**，以最複雜、最迷人的知識分子形象形諸於二十世紀初的世界。他的想法對於鐵幕內外的雙方來說，都過於激進。慢慢地，他以一種地下出版的方式蔓延開來。就在2019年，三

冊列寧批評《精神主義：哲學論叢》，翻譯成英文出版。奇怪的是，我們發現了更多的文學作品痕跡中的他：作為小說《無產者》作者吳敏的崇拜對象，以及靈感來源102。在金‧史丹利‧羅賓遜的筆下，阿爾卡季‧波格丹諾夫也成為了令人愉悅的《火星三部曲》中的《紅火星》、《綠火星》，以及《藍火星》中的偉大人物103。

　　亞歷山大‧波格丹諾夫始終忠於分享的理想—— 波格丹諾夫在一次科學實驗中，竟然付出了生命的代價。他和一位受苦受難的年輕人交換了鮮血，這位年輕人罹患肺結核和瘧疾，他試圖治癒他。直到生命的最後一刻，他都勇於嘗試，他以交換、分享，以及夢想的勇氣—— 實踐兄弟之間的情誼。

2.
沒有實質內容的自然主義：
背景

　　我已經離題了。是馬赫所提供的完整視角讓海森堡邁出了關鍵的一步。列寧和波格丹諾夫之間的爭論，突顯了將產生對於量子理論的誤解問題。馬赫所宣揚的「反形而上學」精神，是一種開放的態度：我們不應該試圖教導世界應該如何。讓我們傾聽世界的聲音，以便從中學習如何思考。

　　當愛因斯坦反對量子力學時，評論說：「上帝不會擲骰子」。波耳告誡愛因斯坦，並且這樣回答：「別再告訴上帝應該要做什麼。」這個意思是說：大自然比我們對於形而上學的偏見，更加富足。大自然比我們擁有更多的想像力。

　　曾經檢驗過最多量子理論，同時也是最敏銳哲學家之一的大衛・阿爾伯特（David Albert）曾經問我：「卡洛，你如何能認為實驗室裡採用微小金屬和玻璃碎片設計的實驗，可以質疑我們最根深蒂固，關於世界如何運轉的形而上學信念？真的可以具備如此重要的意義嗎？」這個問題，一

直困擾著我。但是最終答案，對我來說，似乎很簡單：「這些最根深蒂固的形而上學信念，究竟是什麼？」「即使這些信念不是我們已經習慣相信，而且可以巧妙處理的石頭和木頭？」

我們對現實如何形成偏見，是我們經驗所產生的結果，我們的經驗有限。我們可以不要把我們過去已經擁有的概念化觀念，當作真理。沒有人比道格拉斯‧亞當斯（Douglas Adams）更能表達這一點。他以其特有的尖銳口吻說道：「事實上，我們生活在深重力井的底部。我們位於九千萬英里之外，圍繞核能火球旋轉的氣體覆蓋行星之上，並且認為這是正常的，這顯然表現出我們的觀點，往往有多麼偏差」104。我們預料到必須修改我們地方性形而上的數據。當我們學習新東西時，我們就會立即看到物理的視角。我們必須認真對待我們所學習到世界的新事物，即使這些事物與我們先人為主構成的現實相互衝突。

在我看來，這是一種放棄擁有知識之後的傲慢態度，同時保持對於理性的信仰，及學習能力。事實上，科學不是事實的貯存庫，而是基於下列的認識：科學不存在真理的貯存庫。最好的學習方式，是與他人互動，認識世界，並同時尋求理解，對我們面對和發現的事情，調整我們的心態。這一

種對於科學的尊重，形成了我們知識的源泉，培育了像是威拉德‧奎因（Willard Quine）這樣的自然主義哲學家，基於我們對於他的了解——知識本身是許多自然過程之一，可以如此的研究。

　　第二章中提到的許多量子力學的「解釋」，在我看來是努力擠壓量子物理學的古典發現，糾正形而上學的偏見。我們是否確信世界是確定性的，未來和過去是單一的，並且是由世界現狀所決定？然後我們添加決定過去和未來的事物的數量，即使它們是不可預見的。看到量子的組成部分的疊加消失，這會打擾到我們嗎？那麼，我們來介紹一下平行宇宙可以移動和隱藏的地方，諸如此類等。

　　我相信我們需要使哲學適應科學；而不是要求我們的科學適應哲學。

㚖

　　尼爾斯‧波耳建立了量子理論，也是青年土耳其黨的精神之父。他促使海森堡全神貫注解決了這個問題，並且陪伴他探索原子的奧秘。他調解了海森堡和薛丁格兩位聰明弟子之間的爭論。波耳制定了通行世界各地思考物理書籍所出現

的理論。他是一位竭盡全力的科學家，甚至比起任何人都更能理解這一切的含義。多年來，他和愛因斯坦依據理論的合理性，進行了冗長的討論，迫使兩位巨頭澄清自己的立場，並且妥協。愛因斯坦一直了解到量子力學，是我們對於世界問題的理解，向前邁出的重要一步：是他提名了海森堡、玻恩，以及約爾旦獲得諾貝爾獎。但是他從未被量子理論已經採取的形式所說服。他在不同時期指責量子理論不一致、不可信，以及不完整。波耳因應愛因斯坦的批評，為理論進行辯護。有時候很合理，有時候甚至贏得了討論[105]。波耳的思想不是很清楚；事實上，常常有些晦澀難懂，但是他的直覺變化非常敏銳，並且協助建立了我們目前對於該理解理論。他的關鍵直覺，總結如下：

在古典物理學中，物體與物體間的相互作用，其測量儀器可以被忽略——或者如果有必要考慮可以拿走，並且加以補償——在量子物理學中這種相互作用，是現象不可分割的一部分。因此，原則上需要對量子現象進行明確的描述，必須包括實驗的所有相關安排的描述[106]。

這些詞抓住了量子力學的關係面向，但是在實驗室使用

測量儀器觀察現象的限制範圍之內。因此，他們容易產生誤
解：我們所談論的只是一種情況，其中存在的想法，是一種
使用測量儀器的特殊觀察者。認為人類的思想、使用工具，
或者人類使用的數字，在自然語法中，發揮著特殊作用，這
些純屬無稽之談。

我們需要在波耳論述的段落之中，添加的是意識。在一
個世紀的成功過程中不斷成長。波耳的理論，認為所有自然
都是量子的，並且存在對於包含測量物理處理裝置的實驗室
來說，並沒有什麼特別的意義。量子現象，不僅僅存在於實
驗室和其他地方的非量子現象：其全部現象，也都是量子現
象。如果擴展到任何自然界之中的每一種現象，波耳的直覺
都會變成下列的論述：

之前我們認為每一種物體對象的屬性，都可以認定；即
使我們忽略了物體之間發生的相互作用，也可以確定這個物
體和其他物體。但是，量子物理學證明了交互作用，是物理
現象中，不可分割的一部分。更明確的描述是，任何現象的
發生，都需要包含所有涉及的對象，表現出來的相互作用。

現在這一種說法是激進的，但是很清楚。現象就是由自

然世界的一部分，參與加入到自然世界的另一部分的行動。
如果將這一種發現，和某些其他事情混淆之後，那麼我們的
想法，將會犯下和列寧所犯同樣的錯誤：列寧與馬赫的爭
論，馬赫是二元論者，你也可以說他是一元論者，換句話來
說，如果不相關的話，誰都無法想像出來，現象指涉一種超
越的主題。

　　通常頭腦中的心智，不參與這種恆等式的活動。特殊
「觀察者」在該理論之中，並沒有發揮真正的作用。其中心
論點更為簡單：我們不能與來自和他們之間交互的對象，
進行分離，以便將這些屬性體現彰顯出來。因此，全部對象
（變量）的屬性，追根究柢來說，僅相對於其他對象而存在。

　　「量子背景性」是表示這一點量子物理學的核心面向的
技術名稱：事物存在於一定的背景之中。

　　一孤立的物體，若本身獨立於任何相互作用事物之外，
則沒有特定的狀態。不管怎樣，它最多可以歸因這是一種機
率傾向的表現[107]，但是這也僅僅是一種對於未來現象的期
待。這是過去現象的反映，而且總是相對於另一種對象的反
映。

　　結論是一種革命性的，超越了世界是由具有屬性的物質
所組成的想法，並且迫使我們從以下角度思考一切的關係

108 °

我相信，這就是我們對世界與量子之間的發現。

3.
沒有基礎？讓我們來請教龍樹菩薩

　　這種發現理解量子力學核心的方式，源自於海森堡和波耳的原始直覺。但是在20世紀90年代中期，隨著「量子力學的關係解釋」109，在哲學界對於此解釋反應了迴異的方式：不同的思想流派，將其納入不同的哲學術語的架構。巴斯‧範‧弗拉森（Bas van Fraassen），當代最傑出的哲學家之一，企圖在建經驗主義的架構內，對其進行敏銳的分析110。米歇爾‧比特博爾（Michel Bitbol）以新康德式閱讀進行建構111。弗朗索瓦—伊戈爾‧普里斯（François-Igor Pris）以語境現實主義的觀點進行閱讀112。皮埃爾‧利維（Pierre Livet）納入過程本體論113。毛羅‧多拉托（Mauro Dorato）將其納入結構現實主義114。根據這一種理論，現實是由以下幾部分所構成的115。勞拉‧坎迪奧托（Laura Candiotto）為了同一種論點進行辯護116。我無意捲入當代哲學潮流不同觀點之間的爭論。我在此只補充幾種說法，並

講述個人的故事。

我們曾經認為是絕對量的發現，實際上是相對的，而且這始終貫穿了物理學史的主題。超越物理的關係思維，可以在所有科學中找到。在生物學中，其特點是生命系統賴以維生的環境，是由其他生物所形成的，這是可以理解的。在化學中，元素的屬性由其與其他元素交互作用的方式所建立。在經濟學中，我們談到經濟關係。在心理學中，個體本質存在於關係環境之中。這些及許多其他我們理解的事物（包括了有機體、化學物質、心理生活），通過與其他事物的關係來彰顯現實。

在西方哲學史上，有一種反復出現針對「實體」是現實的基礎概念的批判，可在不同的哲學傳統之中找到[117]，從希臘哲學家赫拉克利特的「萬物流動」，到當代關係的形而上學。只是近幾年來，哲學書籍已經出現了諸如《透視形而上學正式方法》之類的標題[118]，《觀點相對主義：新的觀點概念的認識論探討相對主義》[119]，這只是舉出最近的例子。在分析哲學當中，結構現實主義[120]是基於關係先於對象[121]。米歇爾・比特博爾寫過《從世界內部：哲學和關係科學》[122]。勞拉坎迪奧托，以及賈科莫・佩扎諾也以標題《關係哲學》，出版書籍[123]。

　　這一種想法本身很古老。依據西方傳統，我們可以在柏拉圖的後期著作中找到。在柏拉圖的《詭辯家》中，考慮到他以非時間形式，與現象現實建立聯繫，以彰顯其意義，並且最終放進了他書中核心人物的對話之中——來自埃利亞的陌生人，以著名完全關係現實的定義說明（這不是埃利亞式的尋常說法）：「因此我說，本質上可以作用於他人，哪怕是最輕微的痛苦，導致另外一人的行動，無論多麼微不足道，即使僅僅發生過一次，僅此一次即可真正成為真實。我因此提出存在的定義：如果不採取行動，那麼就什麼都不是。」[124]。有人可能會困惑，但是這並不罕見，柏拉圖用了一句話概括了一切。關於這種問題，有很多話要說……

　　即使此種非常不完整的概述，也足以顯示「世界更常是由交互作用關係—— 而不是物體—— 所編織而成的」這種想法，是多麼的常見。

カカ

　　就拿一物體來說，在我面前看到的是一把椅子。這是真的。毫無疑問，椅子客觀站在我面前。但這是否意味著——這整體是一種物體，一種實體，也就是一把椅子，這是真的

嗎？

　　椅子的概念，是由其功能所定義的：專為人坐而設計的家具。椅子是以人類坐下為前提而設計的。這是和我們的構想方式有關，但並不會影響椅子就在這裡的客觀事實。該物體仍然在這裡，具備有明顯的物理特徵，包括了顏色、硬度等特性，但是即使這些特徵和我們有關，顏色來自於反射光的頻率，椅子表面的反射光，以及人類視網膜特定感受器間的相遇。這都和椅子無關：是關於光、視網膜，以及反射現象。大多數其他動物並不像我們一樣可以看到顏色。椅子本身發射頻率，只能從兩者的互動中出現，包含了原子動力學，以及照亮它們的光。

　　椅子仍然是一種與其顏色無關的物體。如果我移動椅子，椅子以整體進行了移動。嚴格來說，這種論述不是完全正確的：這把椅子是藉由一種架構，當我拿起它時，它會騰空，它是一種集合、一種碎片之間的組合。

　　是什麼讓這種組合，成為整體。是對象，還是單位？實際上，這只不過是一種角色，這種元素的組合，對我們很有利。如果我們尋找椅子本身，獨立於外面的關係，特別是努力尋找椅子與我們之間的關係。

　　這沒有什麼神秘的：世界並不是獨立的分別實體。是我

們將其分成個體，以方便我們分類對象。山脈沒有分成單獨
的山峰的分割線，是我們依據印象深刻的部分，將其分成一
座一座的山。我們定義的許多定義，也許是所有的定義，都
是攸關於理性：母親之所以是母親，是因為她有孩子；一顆
行星是一顆行星，是因為它環繞著恆星運行；掠奪者是因為
其捕獵獵物，所以稱之；空間中的位置，攸關於其他的東
西，甚至時間也只是作為一組關係而存在125。

　　這些都不是什麼新鮮事。但是物理學長期以來，一直要
求為建立關係提供堅實的基礎。基本上，現實中的實體，是
依據這一種關係，奠基於世界的基礎和支持之上。古典物理
學中，以其物質在空間中移動的概念，由之前的主要性質
（形狀），決定次要的性質（顏色），似乎能夠產生這種作
用：提供世界可以認為其本身存在的主要成分，以作為組合
和關係相互作用之基礎。

　　在世界中，量子特性的發現，以當前物理的物質特徵，
無法實現這一種角色。基礎物理學確實提供了基本和普遍語
法，來理解現象。但是，這不是由運動中的簡單物質的基本
屬性，所組成的語法，可以說明清楚的。如果我們採用背景
關係，就可以進行物體之間的互動說明。

　　這讓我們沒有立足之地。如果具有明確和單純屬性的物

質，並不是構成世界的基本實體，如果我們知識的主體，是自然的一部分，那麼，世界的元素是什麼？

我們的世界觀可以依據什麼來確定？我們可以從哪裡開始呢？什麼是根本？

西方哲學史在很大程度上企圖嘗試回答以下的問題：什麼是基本的。這是尋找一切都遵循的出發點：物質、上帝、精神、原子和虛空、柏拉圖形式、先驗形式、直覺、主題、絕對精神、基本時刻、意識、現象、能量、經驗、感覺、語言、可驗證的命題、科學數據、可證偽的理論，存在事物、詮釋學圈、結構……一連串長長的清單，沒有人能夠說服大家，普遍接受作為最終真理的基礎。

馬赫試圖將「感覺」或「元素」視為基礎，啟發了科學家和哲學家，但是在結果方面，似乎並不比其他的結果更令人信服。馬赫反對形而上學，成功以更輕鬆、更靈活的方式生成了自己的形而上學。儘管如此，這仍然是一種攸關於元素和函數的形而上學，稱為現象現實主義，或「現實經驗主義」126。

在我自己嘗試理解量子的過程中，我徘徊在哲學家的文本之中，尋找理解奇怪圖象的概念基礎。這種令人難以置信的理論，提供了世界的真相。我發現了很多很好的建議和尖

銳的批評，但沒什麼可以完全令人信服的。直到有一天，我看到了一件讓我驚嘆不已的作品。本章就這樣地結束了，沒有任何結論，但為本次的偶遇，進行了輕鬆的描述。

𝕙𝕙

我並不是偶然遇到這一篇論述。當我經常談到量子和其關係性質。有人問我：「你讀過龍樹菩薩的《中論》及《大智度論》嗎？」

當我無數次聽到：「你讀過龍樹菩薩的《中論》及《大智度論》嗎？」我決定繼續閱讀。雖然在西方世界，龍樹並不廣為人知，所討論的作品《中論》及《大智度論》，絕非晦澀難懂或僅供小眾閱讀。只是由於我個人的無知，不知龍樹菩薩的《中論》及《大智度論》，所以亞洲人認為很尋常的書，在西方世界並非如此不尋常，我卻是渾然不知。龍樹菩薩的著作標題談到永無休止，梵語翻譯為多種方式，包括《中論》。我讀到了《中論》的譯本，並附有一位美國分析哲學家的評論，已經給人留下了深刻的印象127。

龍樹菩薩生活在公元二世紀。對於他的文本，有無數的評論，引述了多方的解釋和註釋。這些古老的文本部分，在

於閱讀的分層，賦予了我們閱讀豐富的意義。真正讓我們對於古代文本感到興趣的，並不是作者最初想說的內容：這就是作品如何與我們現代人對話的方式，以及到了今日，可以提出什麼建議。

龍樹菩薩造《中論》這一本書的中心論點很簡單：沒有什麼是某些事物之外，獨立存在的。「未曾有一法，不從因緣生，是故一切法，無不是空（義）者。」與量子力學的共振有既視感。顯然，龍樹菩薩對此一無所知，並且沒有想像過任何關於量子的事情—— 那不是重點。關鍵是哲學家重新思考世界，提供了獨創的方法，如果他們轉變，我們就可以採用他們有用的論點。龍樹菩薩提供的觀點，可能讓我們更容易思考量子世界。

如果沒有任何東西本身存在，那麼一切都只能通過對於其他事物的依賴，以及與其他事物的關係所建立。龍樹菩薩所使用的術語來描述，缺乏獨立存在，也就是「空」（śūnyatā）的意思：「空」不是一般字面意義上的不存在，或者是沒有的意思，而是「不執著」的自性，意為沒有自主性的存在。「空」的「存在」，得益於採用其他事物的角度來看的功能。

舉一種簡單的例子，如果我看著多雲的天空—— 我可以

看到一座城堡，和一條龍。天空中真的存在一座城堡，以及一條龍嗎？顯然不是：龍和城堡是從形狀相遇中，顯現出來。雲彩以及我頭腦中的感覺和想法形成呼應，在它們本身是實體的「空境」，它們並不存在。迄今為止，這個解釋很好懂。但是龍樹菩薩也暗示了雲、天空、感覺、思想，以及我自己的頭腦，都是同樣的東西。以上事物都是與其他事物的相遇而產生的，它們都是實體中的「空境」。

當我自己，看著一顆星星，我存在嗎？不，甚至沒有我的存在。那麼，是誰在觀察這顆恆星呢？龍樹菩薩說，沒有人在觀察。所謂看到一顆星星，是我所認為的那一組互動的組成部分，通常稱呼我為「自己」。「一切法皆是因緣生，皆是假名，皆是空。」那麼，「並不存在表達語言作用的主體，思想的循環也並不存在」128。此間並無終極或神秘的本質需要理解，那就是我們存在的真正本質。「我」無非就是浩瀚宇宙之間，也就是每一種人，依賴於其他東西所構成的現象，組成了相互關聯的現象之一。幾個世紀以來，西方科學對於這一種主題以及意識本質的推測，正如晨霧般地消失。

就像許多哲學和科學一樣，龍樹菩薩提出了介於兩種層面之間：傳統的、明顯的現實，但是卻隱含在虛幻和透視的

觀點之下。世間之事物，在世俗諦看來雖似為實有，彷彿擁有最終的真實性。但在這種情況下，這種區別讓我們陷入了意想不到的絕境：世俗諦最終的現實本質，雖似為實有，在勝義諦中觀察，皆為空，它不存在。

如果每一種形而上學，都在尋求一種基本的實體，尋找一種事實的本質；一切都取決於它的出發點。龍樹菩薩認為出發點和最終的實相，一切都不存在；所以一切法的本體，皆是空性。

在西方哲學家，也有類似觀點的膽怯直覺。但是龍樹菩薩的觀點是激進的。傳統的、日常的存在，並沒有遭到否定；相反的，所有內在層級和各方面複雜性的觀點，都受到了考慮。人世間可以進行研究、探索，以及分析，簡化為更為基礎的術語，但是沒有任何意義。龍樹菩薩認為，在尋找最終的基礎時，「以此一切法，皆是自性空，皆從因緣起」。

這與當代結構現實主義的區別相當清楚。我可以想像龍樹菩薩在他撰寫《中論》當代版本章節的簡短標題，會題為「所有結構都是空的」。這些結構只存在於你存在考慮組織其他事情的時候。用龍樹菩薩的話說：「它們既不是物體的先例，也沒有先例的物體；它們也不都是事物；最終也不是另外一個物體＊。」

　　世界的虛幻，是一種輪迴，這是一種普遍的現象。在佛教的主題中，認識到這一點就是達到涅槃，解脫與至福。所以一切法的本體皆是空性，為涅槃實相。對於龍樹、輪迴，以及涅槃，這是同一件事：兩者都「空無一己」的存在。也都是不存在。

　　那麼「空性」是唯一的現實嗎？這畢竟是終極實境嗎？不，龍樹菩薩以最令人眩暈的方式寫出他在書中的每一章節：「每一種觀點，都只存在於依賴於其他事物相互之間關係，永遠不會存在最終的現實」——他自己的觀點也是如此。甚至「空性」也缺乏本質的存在：它是傳統的說法。形而上學也不存在。空就是空。

　　龍樹菩薩給了我們一種強大的概念工具，以思考量子的關係：我們可以想到

　　相互依存，沒有自主的本質，導入了方程式。事實上，相互依存，也就是因緣假合——這是關鍵的論點——龍樹菩薩所做的改變，是要求我們忘記一切的自主本質，因其自性

　　——

＊ 這是四律推理的一個例子，四律推理所使用的邏輯形式。龍樹菩薩《中論》卷4：「眾因緣生法，我說即是空，亦為是假名，亦是中道義，未曾有一法，不從因緣生，是故一切法，無不是空者。」

為虛幻。

在物理學中「終極物質」的長期探索，已經貫穿過了物質、分子、原子、場、元素，進入粒子……。並且以上研究曾經在複雜關係中的量子場論和廣義相對論中觸礁擱淺。有沒有可能來自古印度的哲學家，他的思維可以為我們提供一種概念工具，讓我們能夠滿足自己的研究？

妨

我們總是從別人那裡中學習，從不同的人那裡學習，以滿足我們自己。儘管幾千年來東方文化和西方文化不斷的對話，但是東方和西方彼此之間，還是有許多話要說。就像最好的婚姻一樣。

龍樹菩薩思想的魅力，超越了當代物理學所提出的問題。他的觀點有一些令人眼花撩亂的事情，但是和許多西方哲學，包括古典的和現代哲學產生了最好的共鳴。休謨的激進懷疑論，向維根斯坦揭露了嚴重的問題。在我看來，龍樹菩薩並沒有掉到許多哲學家墜入的窠臼。這些哲學家，通過假設起點建立假說，但是從長遠來看，其結果總是缺乏說服力。龍樹菩薩談論現實，談論現實的複雜性和可理解的性

質，但他保護我們免受「想要尋找終極目標」的概念陷阱的
影響。

他的思維不是形而上學的奢侈想法：而是一種清晰的脈
絡。記錄到認識探尋終極基礎的事實關鍵，提出了也許只是
簡單而無俚頭的一種問題。

這並不會終止我們的研究調查，相反的，龍樹菩薩解放
了理論。龍樹菩薩並不是一味否定現實世界的虛無主義者，
他也不是一位否認我們可以了悟現實可能性的懷疑論者。我
們可以調查現象世界，逐漸提高理解，可能會發現一般特
徵。但這是世界中，相互依存和偶然性的因緣假合，這不是
我們試圖從絕對中推導出來的世界，這會給我們帶來許多麻
煩。我相信人類所犯的最大錯誤之一，就是人類在試圖理解
某種事物時，想要的確定性。對知識的探索不是由確定性而
來：而是由徹底缺乏確定性而滋養的。由於我們敏銳地意識
到我們的無知，大家應該抱持開放的態度，去懷疑並能夠繼
續學習，而學得更好。這一直是科學思維的力量—— 思考源
自於好奇、反抗，以及改變。從來沒有一種哲學或方法論上
的錨定性最終論點，可以用來鎖住知識性的冒險。

對於龍樹菩薩的說法，有多種不同的文本解釋。潛在閱
讀文本的多樣性，證明了古代文本的生命力，以及繼續存在

和我們對話的潛能。我們重新感到興趣的不是兩千年前印度修道院中的真實想法，那是龍樹菩薩的事（或是歷史學家的工作）。我們感到興趣的是今天從他留下的線索之中，散發出來思想的力量；這些論述如何豐富了幾代人的思維，可能會闡揚了新穎的思想空間，與我們所處的文化和知識相互呼應。這正是文化的意義：通過汲取經驗、知識，以及內容，進行永無止境的對話，以豐富我們交流的一切內涵。

我不是哲學家，我只是物理學家，一位單純的力學師。當我這樣處理量子的簡單力學師，如果讓龍樹菩薩教導，思考人類是有無限的可能性，就我以自己本身而言，我無需詢問對象是什麼，即可獨立於其表現形式對於對象進行描述。但是龍樹菩薩所談的空性，也滋養了一種倫理道德，藉以滌淨無盡不安的立場：了解我們的存在，並不是因為自主性實體的幫助，將自己從執著和痛苦中解放出來。恰巧因為世間的無常，因為沒有任何事物是絕對的，現在才覺得更有意義，並且更珍貴。

人之所以為人，龍樹菩薩教導我們世界的輕盈與寧靜，以及閃亮之美。緣起性空，我們僅不過是圖象之間的圖象而已。在現實中，包括我們自己，只不過是那一層薄薄而脆弱的面紗，如果我們揭開面紗……那裡，甚麼都沒有。

六、「對於大自然來說，
這是一種已經解決的問題」

在本段落中，我勇於自問：思想在哪裡。

以及如果新物理學可以改變一點點這種超限的問題。

1.
簡單的事情嗎？

　　無論心智和身體之間的問題有多麼神秘，對我們來說，應該永遠記住，對自然來說，這是已經解決的問題**129**。

　　我常常懷著悲傷的心情花上幾個小時在網際網路上，愚蠢地閱讀或聆聽各種披上了「量子」這個詞彙的大量貯存的資訊。包含了量子醫學及各種整體量子理論、神秘量子唯靈論──等，上述的量子廢話，以一種幾乎令人難以置信的方式在網路橫行。

　　最糟糕的是賣假藥的。我時常收到受害的親戚，發來令人震驚的電子郵件：「我的妹妹正在接受量子醫學的治療。教授會怎麼看呢？」我認為這是我可能想到的最壞情況；嘗試立即營救你的妹妹。說到醫學，我認為在這一種情況下，司法應該要介入其中。每個人都有尋求他們認為合適治療自己的權利，但是沒有人有權利欺騙自己的同胞，江湖騙術可

能會奪去一條生命。

　　還有人曾經寫信給我：「我之前已經經歷過這一刻的感覺，這是量子效應嗎？」行行好，幫幫忙！當然不是！我們記憶的複雜性是什麼？我們的思想與量子有關嗎？絕對不是。量子力學對於超自然現象、替代醫學，或是神秘波浪或振動的影響，沒有什麼好說的。

　　看在老天爺的份上，我完全贊成良好的振動。我也曾經將長髮紮進紅色的頭巾，靜坐在那兒，盤腿在艾倫·金斯堡的旁邊唸誦「唵」。但是我們和宇宙之間情感聯繫之微妙，其ψ波的複雜性，就好比巴哈的清唱劇和我老車中化油器有的關係。

　　世界太過複雜，無法解釋巴哈音樂之美，我們生命最深處最美的精神波動，無需藉助於陌生的量子。

　　或者，如果你願意的話，反之亦然：量子的現實比所有我們的心理現實和精神生活的各種層面，更加精緻、神秘、迷人，甚至更為奇怪。我發現嘗試用量子力學來解釋複雜的現象，但是我們對於這些現象知之甚少。例如，量子如何在心智中運作，很多實驗完全不讓人信服。

苏苏

　　然而，即使遠離我們日常經驗，量子世界本質的發現，還是太過於激進。正如心的本質，這個議題的開放與否，和心智無關。不是因為我們對於心智，或是其他我們對於量子現象仍然知之甚少，而是因為通過改變我們對於物理世界和物質的觀念，量子發現改變我們提出的問題。

　　本書基本的信念，為我們人類是大自然的一部分。在無數的自然現象之中，我們是一種特例，但是無人能夠逃離我們所知道的偉大自然法則。然而是誰從來都沒有以某種形式想過這個問題：「如果世界是由簡單物質構成，粒子在空間之中運動，思想、主觀性、價值觀、美、意義……又是怎樣來的呢？」「簡單的物質」如何產生顏色、情感、以及現有炙熱存在的活潑生命感覺？為什麼我們可以認識和學習、感動和驚訝，讀一本書，設法理解，甚至質疑到了事物的本質？

　　量子力學對於這些問題，沒有任何直接答案。我看不到任何量子，可以解釋主觀性、知覺、智力、意識，或是任何我們精神生活的其他層面的事物。量子現象，在我們身體中以原子、光子、電磁動力學中的脈衝，以及所有其他身體中產生的微觀結構呈現——但是沒有什麼特別的量子現象，可以協助我們理解什麼想法、知覺，以及主觀性看法是甚麼。

這些是涉及大腦在大範圍內的運作功能：這正是量子干涉在複雜性的白噪音中，消失了。量子理論對於理解心智，沒有太大的幫助。

但是量子理論，可能可以間接地教會我們一些相關的東西，因為理論改變了問題的問法。

量子理論告訴我們，我們的錯誤直覺來自於混亂的根源。這可能在於這不僅僅是關於意識的本質（我們的直覺肯定會誤導），但是更重要的是，什麼是「簡單物質」，以及物質如何進行功能。

也許很難想像，我們人類可能只是由相互彈跳的小粒石所組成。但是仔細一看，小粒石就是一種廣闊的世界：這是一種量子實體，其中以機率和相互作用波動群聚的星系。此外，我們所說的「石頭」擁有一種分層的意義，這是由我們和點狀關係星系之間的物理事件互動，所引發的我們思想中涵詠的意義。「簡單物質」分裂成複雜的層級，突然間似乎變得不那麼簡單了。也許，在簡單物質和我們轉瞬即逝的精神之間，其難以跨越解答謎題的鴻溝，似乎不再是那麼不可逾越了。

如果世界的細粒，是由只有質量和運動的物質粒子所構成的，這似乎很難重新認識，並且建構我們感知和思維中

「無形粒子」的複雜性。但如果世界上的細微粒子無法支撐我們內在特性的話，我們就用關係來進行描述。除了與其他事物相關之外，也許在物理學上，我們藉由自己可以理解的方式，尋求更好可以能夠組合成的元素，建構複雜現象的基礎，這就是我們稱之為感知和意識。如果物質世界，是由於微妙的相互作用編織而成，由鏡子中的圖象，反射到其他鏡子之中。這是一種沒有物質實體的形而上學基礎的說法，也許這一種說法，讓我們變得更容易認識到自己是整體的一部分。

ʃʃ

有人提出，這裡面有某種萬物之中的靈性。但是爭論是既然我們都有意識，並且是由質子和電子組成，那麼電子和質子也應該已經有原始意識。

但是我沒有發現這樣已經受到證實的「泛心理學」的論點。就像是說，既然自行車是由原子所組成的，那麼每種原子必定是一種「原始循環者」（proto-cyclist）。我們的精神生活需要神經元、感覺器官、身體，以複雜資訊呈現方式，闡釋我們的大腦：根據所有證據顯示，如果沒有這一切，我

們將沒有精神生活。

　　但沒有必要將原始意識，歸因於基本系統，為了繞過凍結的「簡單物質」。 觀察世界如何通過相對變量，及其相關性來描述就已經足夠。這讓我們從斷然反對物質和精神生活間客觀關係的禁錮中釋放出來。精神世界和物質世界間之區隔，再嚴格都會褪色。這可以從自然現象中，心理和身體兩種層面進行考慮：兩者都是物理世界間交互關係的產物。

　　我在本書結束前的最後一章，在以上艱困的立場方向上，提供了才疏學淺的謙虛建言。

2.
「意義」是什麼意思？

　　我們人類生活在一個充滿意義的世界之中。我們的話語中，「意味著」某些事物。「貓」字的意思，是一隻貓。我們的想法「意味著」貓：這些想法發生在我們的大腦之中，但是如果我們想到了老虎，我們指的是不在我們大腦中的東西：老虎可能存在於世界任何的地方。如果你正在讀這一本書，你會看到黑白的圖象頁面，或是電腦螢幕上的線條。「看見」是一種發生的事情—— 發生在你的大腦裡，但是看到的線條卻是「在那裡」，其過程發生在你的大腦之中，指的是白紙上面的線條。反過來說，上述的內容又擁有意義：指的是我在寫作時的想法，反過來又指的是你，你是正在閱讀我的譯作，我現在正在想像的人……。

　　我們在心智過程之中，「指涉某物」的技術術語（由德國哲學家和心理學家弗蘭茲·布倫塔諾Franz Brentano倡導）係指「意圖性」。意圖性是意義概念的一種重要面向，

也是我們整個生活的精神。我們的想法意味著什麼？發生在思想「之中」的事情，以及發生在思想「之外」的事情間，有種密切的關係。「貓」這個詞和一隻貓之間，有密切的關係；道路標誌和其「指涉」的意義，也有密切的關係。自然界當中似乎沒有這些內涵。物理事件本身，「沒有任何的意義」。彗星在星辰之間運行，遵守著牛頓定律，但是運行的時候，並沒有閱讀星宇間的路標……。

如果我們是物質世界的一部分，那麼這個擁有意義的世界，必須從物質世界中顯露出來。如何表現這些意義？純粹物理的名詞定義，又如何彰顯了這個世界的意義？

目前有兩種概念接近問題的答案：資訊和演化，即使兩者都不足讓我們真正理解在物理術語之中，什麼是「意義」。讓我們思考一下。

ㄈㄉ

在克勞德·夏儂（Claude Shannon）的資訊論中，資訊是只計算某物可能狀態的數量。USB的記憶體之中擁有大量的資訊，以位元或千兆字節為單位，表示記憶體之中，擁有多少種不同記憶是可以安排的方式。位元不知道記憶中內容

的含義；甚至不知道記憶的內容是否有意義，或者只是一種噪音。

夏儂還定義了相對資訊的概念，這是我在前幾章之中所使用的：定義為兩種變量之間的物理相關性的量度。兩種變量之間，如果他們比每一種可以處於的狀態數的乘積，可以處於更少的狀態，他們之間就擁有了「相關資訊」。

「相對資訊」的概念純粹是物理的。這是量子物理學的核心：相對資訊受到了編織世界的相互作用所吸引。請注意，相對資訊連接兩種不同的事物，就像意義一樣。但是不足以理解意義：世界充滿了相關性，但其中絕大多數並不意謂著任何事情。為了理解意義，我們需要一些別的東西。

另一方面，生物演化論的發現，使我們能夠在概念之間，建立一些橋樑。我們在談論具有生命的事物和概念之時，我們導入於自然界的其他部分。特別是，明確體現了生物的起源，歸根結底是起源於效用和相關性等物理學概念。

生物圈是裨益生命延續，所形成的結構和過程：我們有肺，以便呼吸；我們有眼睛，用來觀看。達爾文的發現，反向理解這些器官的效用和存在之間的因果順序，以及讓我們了解為什麼會有這些結構：這些器官的功能（包含了看東西、吃東西、呼吸空氣、消化食物⋯⋯以為了生命做出貢

獻），並不是這些結構的目的。反過來說：生物之所以能夠生存，是因為這些結構在那裡。我們不是為了活著而愛：我們活著，是因為我們擁有愛。

　　生命是一種在地球表面耗散大量太陽照射行星產生的「自由能」，或「低熵」的生化過程。個別生命依據生物結構和過程，與圍繞周圍的環境互動，形成自我調節的功能，隨著時間的推移，保持動態平衡。生物體能夠生存和繁殖結構和過程原來並不存在。生物體之所以能夠生存和繁殖，是因為它們具有逐漸發展結構的功能，使生物體在地球上繁衍。

　　這種想法至少可以追溯到古希臘哲學家恩培多克勒，正如達爾文在他精彩著作中指出[130]。亞里斯多德告訴我們，恩培多克勒在他的物理學中，如何提出生命是以正常狀態，而隨機形成結構的組合結果。大多數的結構，很快會滅亡，但只有具以下特徵的物種得以生存：活生生的有機體[131]。

　　亞里斯多德反對我們總是看到小牛犢出生時「良好的結構」：我們並沒有看到所有可能的形狀[132]。但是到了今天，很明顯地恩培多克勒的想法，轉移到了從個體到物種，並因此豐富了我們了解基本上是正確的遺傳學內涵。達爾文闡明了生物結構變異性的重要，此變異讓生物結構的探索無限可能的發展空間。天擇讓物種結構和功能過程，在區域空間

中，持續不斷地共同發展。分子生物學展示了物種發生的具體機制。

在這裡，我需要強調的一點是：儘管這一切並沒有排除「實用性」和「相關性」等觀念的重要性。然而，以上表明了物種起源，根植於物理世界，此世界自然系統的特徵，實際上裨益生存。

這些都是很棒的想法，但似乎又不可行，無法解釋自然世界之中，「意義」的概念是如何從自然世界中浮現的。「意義」具有意圖的含義，似乎與變異和選擇無關。「意義」必須建立在其他解釋的基礎之上。

ㄏㄏ

無論如何，當我們結合資訊和進化兩個概念之時，小小的奇蹟發生了。

資訊在生物學中發揮著多種作用。結構和過程，係由數百萬年，也許數十億年間，經過無數與自身相同過程，重複進行繁殖，只是因為緩慢的變化，而逐漸改變進化的漂移的遞嬗。這一種穩定性推移的主要方式，主要是透過去氧核醣核酸（DNA）分子，或多或少與他們的祖先DNA分子相

似。這意味著存在相關性，也就是跨越億萬年時間的相關資訊。當DNA中的分子進行編碼和傳輸資訊，這些資訊的穩定性，也許是最典型的生命重要特徵。

在生物學當中資訊的相關性，還有第二種方式：有機體內部和外部之間的相關性。雖然，有些有機體幾乎和外界都沒有相關性；也有生命體建立了達爾文理論所定義之相關性：物競天擇和適者生存。

我看到岩石向我落下133，如果落跑，就會活下來。落跑這一件事，並沒有什麼神秘之處，如果以達爾文的理論解釋：那些不落跑的人，會被落下的岩石砸死。所以，我是落跑者的後裔。能夠跑得掉，我的身體需要以某種方式知道，岩石正朝我砸過來。因此必須要知道我身體內部的物理變量，及岩石物理狀態存在的相關性。顯然，這一種相關性是存在的，因為視覺系統的做法是：以大腦中神經過程將周圍環境進行串連。這都在內部和外部之間，形成了某種的相關性，但是此特徵如果不存在，或如果調整不好，我還是會被岩石砸死。所以，內部和外部之間的關係，將狀態聯繫起來。在達爾文演化論下，岩石與我大腦中的神經元存在或是不存在相關的感覺，都會直接影響到我的生存。

細菌具有能夠檢測其賴以生存的葡萄糖梯度的細胞膜，

鞭毛運用一種生化機制能夠向葡萄糖最多的方向游泳。這種細胞膜的生化反應，決定了葡萄糖的分布，及其內部生物間化學狀態的相關性，也決定了細菌會朝向葡萄糖游泳的趨向。因此，相關性是關聯的，如果關係破裂之後，細菌就失去了營養，生存能力下降，也就是失去了生存的機會。此例顯示了生存期望值與物理的相關性。

此間相關性的存在，展現了關聯的相關資訊意義概念的物理基礎。夏儂賦予了相關資訊（物理上）的意義—— 這和達爾文闡明的意義（生物的，最終也是一種物理性的）異曲同工。準確地說，糖濃度的資訊，對細菌具有意義。或者我腦袋中對老虎的想法，對應於神經元的配置，實際上賦予了老虎意義。這是有機體如何「關心」事件和事件相關性的內容134。

依據此方式進行定義，相關資訊的概念是物理上的定義，但是相關性定義在布倫塔諾，也是意向性的。這是一種事物（內部）與其他事物間的聯繫（一般是外部性的）。因此，自然帶有一種「真理」或「正確性」的概念。在每一種特定的情況下，細菌的內部狀態可能呈現了葡萄糖梯度編碼？因此其中有許多表徵「意義」的成分。

顯然，我們也在上下文當中，使用「意義」這個名詞，

但是這個詞彙，和生存沒有任何直接的關係。一首詩是否充滿著意義，似乎對我的生存或複製再現的機率，沒有太大的幫助（除非有位年輕的女性可能會因為詩愛上我浪漫的靈魂……）。我們所說的邏輯、心理學、語言學、倫理學上的「意義」等，都不能直接簡化為相關資訊。但是在我們的生物和文化歷史中，這種豐富的頻寬已經發展起來。物種起源，在添加我們基於神經、社會、語言，以及文化的複雜性巨大連接關節之前，已經具備有物理學的根源關聯的相關資訊。

換句話說，在其他方面，關聯的相關資訊的概念，不是物理學和精神世界中意義概念間的整體鏈結，但是整體鏈結中的第一種——也是最困難的一種。是物理世界向心靈的世界邁出的第一步，沒有任何東西，可以對應到意義的概念。此處基於心靈的語法含義：訊號有意義。人類大腦具備操縱概念，添加文本表達，亦即基於具備意義的過程，包含了情感、狀態、與他人交往的語言、社會、規範，以描述我們特徵的心理過程，——我們逐步接近各式各樣、更完整的意義概念。

我們一旦找到了物理的第一層聯繫的概念和意義，其餘部分依序遵循：任何有助於直接相關資訊的關聯性，也是有

意義的，依此類推。演化論清楚地顯示了這一切。

　　這一種觀察，澄清了為什麼我們只能談論在生物性過程，或是根深蒂固在生物學背景過程下進行的意義。這也為意義的概念，奠定了物理的基礎。意義並不存在於自然世界之外，我們可以在不離開自然主義領域之外的情況下，談論意向性。意義以物理鏈接將某些事物和某些事物聯繫起來，發揮生物學的作用。這是自然元素成為某種其他事物的相關訊號。

　　最後可以進入正題了：如果我們認為物理是具可變屬性採用簡單的物質，考慮採用簡單物質，來關聯附屬的事實，則有必要添加些題外話。相關資訊是量子物理在物理世界相關性網絡的一種發現。大自然並非孤立、倨傲以及獨來獨往元素的集合。相關性普遍存在於典型案例之中，意義和意向性只是其中的一部分，連續性的意義存在於在我們精神生活和現實物理世界中，有兩者之間的關係。

　　我們對於物理世界及精神世界的思考方式，二者之間的距離正逐步減少。

㘴

　　相對資訊在兩種對象之間，意即如果我觀察這兩種物體，我發現了相關性：「你有關於今天天空顏色的資訊」意即如果我問你關於天空的顏色，我發現你告訴我符合我所看到的顏色；你和天空之間存在著相關性。兩種物體（天空和你）具有相關資訊。因此，歸根究柢，資訊是攸關於第三種物體（我在觀察你）。記住，相關資訊是一種三者之間的舞蹈，就像糾纏一樣。

　　但是如果一個實體（你）能夠複雜到進行計算與預測（動物、人類、由其技術製造的機器），其「擁有資訊」的事實，也意謂你擁有資源來進行預測：如果你有關於天空顏色的「資訊」。當你閉上你的眼睛，再睜開眼睛，你可以預測睜開眼睛之時，你的眼睛會看到什麼，甚至在看到之前就已經知道了：一片藍天。你有天空顏色強烈感覺的「資訊」：你會事先知道你會看到什麼。

　　因此，相關資訊的基本概念，是比其他基於資訊的物理結構，更為複雜的概念。這些資訊現在具有語義的價值。

　　定義參考我們對物理研讀的理解。為了世上視覺的一致性理論給定判斷方法，此狀況雖有幼稚唯物之嫌，卻能漂亮滿足我們以交互作用和關係來重新思考物質。就我看來，若不是交互作用和產生有意義資訊的結果，就無所謂世界。世

界是外部和我記憶的關聯。

如果天空是藍的，在我記憶中有藍色意象。當我閉眼在打開之前，我的記憶是足以支持我預測天空顏色的來源。我們知道天空是藍色，代表的是甚麼意義：當我們重新睜開眼睛，我們就認識到了這一層的意義。

這就是我在書中第四章末使用「資訊」這個字，進行量子力學假設的意思。

「訊息」的雙重意義，賦予了模稜兩可的歧義——。我們理解世界的基礎，是我們有關於這個世界的資訊，在本質上是我們與世界之間（有用）資訊的關聯。我們由此認識這個世界。

3.
從世界內部認識世界

　　我採用另外一種方式，來結束本章討論量子理論對於現實的重新思考，裨益於我們正在消弭的精神和物質世界。兩者間存在根本差異的神話。

　　精神與肉體的距離問題，直觀來說，看似很清晰，但很難精確的界定。精神世界有不同的面向——例如意義、意向性、價值觀、目標、目的、情感、審美和道德感、數學直覺、知覺化、創造力、意識……我們的心智做了很多的事——包括了記憶、預測、反省、推斷、感動、憤怒、夢想、希望和視覺。心智表達自身的想像、創造、認識、知道，並且擁有自我意識……個別來說——許多人類大腦活動，和複雜的物理儀器中進行的操作同等複雜。是不是還有什麼不能從我們已知的物理學中出現的東西呢？

　　大衛・查爾默斯（David Chalmers）對於意識劃分為「簡單」和「困難」的問題135。他稱之為「簡單」的問題，

絕非如此「簡單」：這是我們的大腦如何進行運作。也就是說，如何引動我們精神生活相關的各種行為。他所說的「困難」問題，則是理解我的主觀感覺如何伴隨著大腦活動。

查爾默斯認為「簡單」的問題是合理的，可以根據我們目前的身體狀況，來解釋世界的概念，但是他困惑於下列的「困難」的問題。

他讓我們想像一種「殭屍」，即一種機器，能夠複製人類的任何受到觀察（即使採用顯微鏡）的行為。如果從外部觀察，無法區隔這一台「殭屍」機器和人類之間的差異；但是「殭屍」缺乏主觀經驗。正如查爾默斯所說：「殭屍內部，沒有住人」。

事實上，我們可以設想這一種可能性。對於查爾默斯來說，這表示存在一種無主觀感受的「其他東西」，可以使生物體脫離殭屍情境，以重現其所有可觀察的特徵。就當前物理的概念而言，是「其他東西」，確立了解釋主觀經驗的困難，對於查爾默斯來說，這是意識問題。

神經科學在大腦功能的領域，取得了顯著的進展，大部分成果，遲早都會澄清。有沒有什麼在我們了解之後，忘記了還要澄清的部分？查爾默斯堅持認為還會有，因為「難題」不是理解大腦活動是如何進行，而是要了解這些活動，

是如何伴隨著相應的主觀感受。為了理解我們精神生活和物質世界間的關係，也就是說，我們必須考慮到從外部來看，如何描述物理世界的事實；而我們的心理活動，是來自內部「以第一人稱」表述的事實。

　　在我看來，量子物理所暗示對於世界的重新思考，改變了問題的術語。如果世界是由關係所組成，那麼任何描述都不是來自於事物之外。對於世界描述的終極分析，一切從內部分析開始。他們都是「第一人稱」。我們的對於世界的看法，我們的觀點，以及在世界內部我們所處的位置（我們的「自我處境」，正如傑南・伊斯梅爾Jenann Ismael使用的美妙字彙）136，並不特殊，基於量子物理學，乃至於所有物理學，都是以此為基礎的相同邏輯。

　　如果我們想像存在事物的整體，就是處在宇宙之外，從外部注視該事物。但是，事物的整體沒有「外部」，外部的觀點並不存在137。每一種變化世界的描述，均來自於它的內部。外部觀察到的世界並不存在：存在的只是對世界各種片面的、互相反映的看法。內在世界的視角，就是這種觀點的相互反映。

　　量子物理學告訴我們，於無生命的事物類似的事情已經發生。相對於同一物體的屬性，形成了一種透視。如果我們

從各種角度來看，這些都是抽象的，我們不會重建事實的全部：我們發現自己身處一種沒有事實真相；因為事實只是相對的事實。這就是對於量子機制的多重世界解釋機制的困難之處，此種機制描述了以外部觀察者期待與世界互動的結果，但是世界之外，並沒有觀察者的存在。解釋忽略了世界的事實。

湯瑪斯·內格爾（Thomas Nagel）在一篇著名文章中提出了這種問題。「成為一隻蝙蝠是什麼感覺？」他認為這一種問題是有意義的問題，但是脫離了自然科學138。其中的錯誤，是假設物理學是以「第三人稱」對事物描述。相反的「關係視角」始終是，從第一人稱角度來展現物理學描述的現實。

肺

關於心智的觀念，常常僅限於第三種替代方案：二元論。根據該二元論，現實中心智和無生命的事物完全不同。唯心主義認為，物質現實只存在於思想。素樸的唯物主義，認為所有精神現象，可以還原為物質的運動。二元論和唯心論是不相容的。我們眾生和其他眾生一樣，是自然的一部

分。越來越多確鑿的證據說明，我們觀察到的任何東西，包括我們自己，都不會違反我們所知道的自然法則。素樸現實主義是直觀的，很難與主觀經驗相互一致。

但是這些並不是唯一的選擇。如果以下的物體，是從與其他事物的相互作用中產生的。那麼，精神現象和物理現象之間的差距，顯著減弱。無論是物理變量，還是心靈哲學家所說的「感受性」—— 基本上諸如「我看到紅色」之類的心理現象—— 兩者多少能用來思考複雜的自然現象。

主觀性並不是物理意義上的質的飛躍，需要複雜成長（波格丹諾夫定義的「組織」），但總算已經從最基本的層面上開始形成觀點了。

當我們思考「我」和「物」之間的關係之時，「物」「我」兩種概念就是圍繞「意識」本質誤導與混淆。

如果不是有感覺的「我」，那麼誰是有感覺的「我」呢？我們的心理過程的集合體？當我們思考自己時，會有一種直覺，我們會通過我們稱之為意識，進行我們身體的和心理的整合。問題的第一項的「我」，是形而上學的餘孽，將流程誤認為共同錯誤實體的結果。（馬赫進行了分類：「自我是無用的」；「我」無法受到拯救。波格丹諾夫用政治術語來說：「個人是資產階級拜物教[139]。」）如果解開神經

過程之後，詢問意識是什麼，就像理解了風暴的物理原理之後，詢問什麼是風暴，一樣沒有意義。添加「擁有者」的感覺，是就像在風暴現象中，加入羅馬神話眾神之王朱庇特一樣。就像在了解了風暴背後的物理原理，正如查爾默斯所說，還要將風暴與朱庇特的憤怒聯繫起來，是一種「難題」。

確實，我們有獨立的「直覺」，實體就是「我」。但是我們也曾經有過這樣風暴背後有朱庇特的「直覺」。或是過去認為地球是平坦的直覺。我們並不是通過不加批判的「直覺」，來建構對於現實的有效理解。如果我們對自然感興趣的話，內省是心靈中最糟糕的探究工具：這等於尋找我們自己的偏見，並且沉溺其中。

但更糟糕的是問題的第二種術語「物質」。物質也是基於錯誤形而上學的殘餘，是過於天真的概念物質只是一種能由質量和運動定義的普遍實體。這是形而上學的錯誤，因為這與量子物理學互相矛盾。如果我們用過程、事件、關係的特性來描述思考此種關係世界，物理現象和心理現象之間的隔閡會戲劇化地少很多。兩者都可以視為在相互作用的複雜結構，產生的自然現象。

55

　　我們對於世界的認識，體現在各種關係科學之間。科學間或多或少是相互聯繫的。物理學基於我們知識的組成部分，發揮了下列作用：量子研究有些部分相當豐富，但是有些部分相當蒼白。18世紀發現構成一切事物基礎的基本物質機制已經宣告消失了。另一方面，我們對於真實規則的理解的不斷成長，也許令人不安；但比之前的架構更加豐富，也更加微妙，促使我們能夠在物理層面上，以更有效的方式思考這個世界。

　　世界可以視為資訊相互流通的一張網。在達爾文力學的領域之中，這一種資訊對我們來說，變得相當重要，也更有道理。德謨克利特遺留的斷簡殘篇中第一一五行曾說：「宇宙正在變化，生命也只是話語」。宇宙是相互作用的；生命組織著相關資訊。根據我們目前所知，我們是一件精緻而複雜的繡品，其中的關係網構成了現實。如果從遠處觀看森林，我會看到深綠色的大鵝絨。如果我向森林走過去，天鵝絨會分裂成樹幹、樹枝，以及樹葉。樹幹上的樹皮、苔蘚，以及昆蟲，充滿了複雜性。每隻瓢蟲的眼睛之中，都有極其複雜的細胞結構，與神經元進行相連，擁有引導其生活的因素。每一種細胞都像是一座城市，每種蛋白質都是一座原子城堡；每一個原子核之中，都有一種量子動力學展現的地

獄，在攪拌夸克和膠子漩渦，以進行量子場的激發。這只是圍繞一顆小恆星旋轉的小行星上的小木頭。此恆星屬於一千億顆恆星中的其中一顆。星系中充滿了令人眼花繚亂的宇宙事件。在我們宇宙的每一個角落，在現實層級之中，都發現了令人暈眩的深淵。

在這些層級之中，我們已經能夠認識到規律性，並且蒐集了與我們自己相關的資訊。讓我們能夠創建每一層級的圖片，並且思考其中具有一定的連貫性。每一層級都是近似，現實是不分層級的。我們將事物對象分級，是自然與我們聯繫的方式，在我們大腦中將物理事件動態配置稱為概念。現實層級分別，是關聯到我們與現實交互作用的方式。

基礎物理學沒有例外。自然遵循簡單的規則，但事情的複雜性，往往導致我們無法連結一般定律。知道女朋友服膺麥克斯威爾方程式，不會幫助我讓她更快樂。當學習電機如何運作之時，最好忽略其基本粒子之間的核作用力。各種層級存在於世界的地位，證明了不同領域的知識皆具有自主合理性。從此意義上說，基礎物理的用處，遠遠沒有物理學家想像得那麼大。

但是這並不是真正的瓦解。從物理學、生物基礎知識的角度來說，生物化學在基於生物和化學中的基礎知識，是可

以理解的。我們了解這些物理、生物、化學之間銜接得很好；其他人則不然。瓦解只是我們理解的差距。這就是本章前面探討物理基礎意義概念的問題意識。

關係視角使我們遠離二元論的主體／物體，以及物質／精神，並且從表面上看到二元論中現實／思想，或是大腦／意識的不可還原性。如果要釐清在我們身體及其與外部世界的關係中所發生的過程，我們還需要理解什麼？如果不是包含在我們神經元攜帶的訊號之中，在相關資訊的鏡像遊戲中，覺察自己在過程分配到的代碼？那麼，什麼是我們意識中的現象學？

這種仍然存在於查爾默斯所說的「簡單」問題，但是解決問題絕非易事，也絕非解決之道。我們對於大腦的運作，所知甚少。但是無法質疑精神生活中，存在某種無法用已知的自然現象，來理解的事物規律。

反對者根據已知的自然規律，否定了理解精神生活的可行性。如果進行更仔細的檢查，反對者可以依據直覺基於無法支持的論點，嘟嘟囔囔籠統地化約結論為：「對我來說，這似乎難以置信 *140」。除非某種生命在死亡了之後，仍然還可以氣態超自然物質活著，這一種對死後復生的悲傷希望，除了完全令人讚嘆之外，還讓我覺得震慄害怕。

　　正如美國哲學家艾瑞克・班克斯（Erik C. Banks）所寫的，本章開頭引用的一句話是：「然而如果我們可能遇到身心神秘的問題，我們應該始終要記住，這是一種已經解決的自然問題。我們所要做的就是通過自然主義的方式，找出解決的方案。」量子理論並沒有給我們一種直接的解決方案，但是確實給予了一種更換問法的方案。

---

* 這種態度最好的例子，即為湯瑪斯・內格爾的《心靈與宇宙：為什麼唯物主義新達爾文主義的自然觀幾乎都是錯誤的》。這一本幾乎都是重複性喃喃自語的書：「這對我來說，似乎不可能」。在我看來。仔細閱讀這一本書，沒有提供任何令人信服的論點，藉以維持其論點，不只是宣傳無知、不求甚解，尤其是對於自然科學，明顯缺乏興味。

七、但這是真的可能嗎？

我試圖在本篇總結故事，
但是卻沒有結論可言。

我的兒子，你看起來確實很感動，就好像你看起來很沮喪一樣。小夥子，要開心點。狂歡已經結束。我們這些演員，如我曾言，原是一群精靈，都已經化為輕煙。正如這虛無縹緲的幻境，入雲的閣樓，瑰偉的宮殿，莊嚴的廟堂，甚至地球本身，以及其上所有的一切，都將同樣地消散，連一點雲影也不留。浮生若夢，一生沉睡。

　　神經科學領域最近最令人目眩神迷的進展之一，就是涉及到我們視覺系統的功能。我們是如何地看到？我們怎麼知道我們面前有一本書，還是有一隻貓？

　　神經科學認為接受體檢測到達我們眼睛視網膜的光線，接受體改變光線，轉化為傳輸至大腦內部的訊號。其視覺神經元組合，以多樣的方式，闡述傳達複雜的資訊，直到可以解釋並識別對象。有些神經元辨別顏色的線條，其他的神經元識別這些線條繪製的形狀，再根據記憶中儲存的數據，檢視這些形狀……直到所有訊號得到確認：這是一隻貓。

　　然而事實證明，大腦基本的工作方式，並不像上述所示。事實上，大腦以相反的方式發揮作用。大量主要訊號不會從眼睛傳輸到大腦，訊號走的是另一條路，從大腦到眼睛

141。

事實上，大腦在之前知道或發生過的事件的基礎之上，預期看見某事物，大腦會詳細建構它預測眼睛應該看到的圖象。這些資訊從大腦傳遞到眼睛的中介階段，如果發現大腦的期待和光線到達眼睛的圖象，存在差異，那時神經迴路將向大腦發送出訊號，所以周圍的圖象不會從眼睛傳遞到大腦——只會傳遞大腦預期行為產生差異的訊息。

視覺以此方式發揮作用的發現，令人驚訝。但如果我們仔細想想，就會發現這就是從周圍環境之中，檢索資訊的最有效方法。當大腦發送了訊號，除了確認已經知道的訊息，什麼也不做，到底有什麼意義？資訊技術學使用類似的技術，進行壓縮圖像文件：不是將顏色嵌入所有內存中畫素之中，僅僅儲存有關顏色變化位置的資訊，資訊量較少，而足以重建圖像。

無論如何，對我們所看到的事物和世界之間關係的影響，卻是非凡的。當我們看到自己周圍，我們並沒有真正地「觀察」：相反，我們是基於自身已知的夢想世界的形象（包括偏見和誤解），無意識地審視世界，以揭示任何差異。如有必要，我們會嘗試糾正。

換句話說，我所看到，並不是現實中外部世界的複製品。這是我可以盡力掌握所期望看到的世界。相關輸入並不

能證實我們已知的觀點，而是甚麼和預期相互矛盾。

　　有時這是一種細節：貓的耳朵動了。有時候，某些東西會提醒我們跳躍到一種新的假設：這不是貓，而是老虎！有時候這是全新的場景，我們透過對我們有意義的想像解釋場景。就我們已知的情形力求用可理解吸收的字詞。

　　這甚至可能是大腦運作的通用模式，稱為投射意識模型。例如，假設意識是大腦不斷嘗試預測的活動，由於輸入的可變性，而不斷變化的輸入。這些變化是來自於世界和我們立場之間的變化。使用觀察差異性陳述，是減少預測錯誤的技術 142。

　　借用十九世紀法國哲學家伊波利特・泰納（Hippolyte Taine）的話來說，我們可以說「外部感知」是一種內在的夢想，事實證明「外部感知」共存於外在的事物；而不是稱為是一種「幻覺」，或是一種虛假的感受，我們必須將外部感知稱為「已經證實的幻覺」143。

　　我們可以說，科學只是延伸我們所看到的方式。我們尋找我們所看到與期望從世界用眼睛蒐集到事物之間的差異。我們擁有對於世界的願景，如果事實不然，就改變它。整個人類知識就是這樣建構而成的。

　　視覺以秒計算，發生在我們每個人的大腦內部之中。在

全人類百年以來的密集對話中，知識的成長是緩慢的。第一
種涉及到個體組織經驗，屬於神經學和心理學領域。第二種
是建立科學描述的物理秩序經驗，與社會組織有關。（波格
丹諾夫認為：「心理和物質上的差異，歸納為個人的體驗，
以及社會組成體驗之間的差異 144」）。但這都是同一件事：
我們更新和改善我們對於現實的心理地圖，依據我們的概念
結構，考慮到我們觀察到和我們想法間的差異，藉以精確地
解讀現實 145。

我們有時候因細節學到新的事實。有時候我們由提出質
疑構想世界方式對的概念規則，更新最深沉的圖像。當我們
發現了思考現實的嶄新地圖之時，將更準確地描述這個世
界。

這就是量子理論。

劤

當然，從這種理論中產生的世界觀點，也有一些令人困
惑的事情。我們必須放棄對我們來說，最自然的東西：也就
是事物組成的世界的單純想法。我們將知道這古老的偏見，
就像一輛我們不會再開的古董車。

　　世界的某種堅實性，似乎融入於空氣之中，就像迷幻的紫色經驗。也像在本章的題詞中，普洛斯彼羅的話一樣讓我們震驚……：「如同這虛無縹緲的幻境，入雲的閣樓，瑰偉的宮殿，莊嚴的廟堂，甚至地球本身，以及世上所有的一切，都將同樣消散，如同這一場幻境，連一點雲影都不會留下。」

　　這就是莎士比亞最後一部作品《暴風雨》的結局，文學史上最感人的段落之一。在我們進行了這樣一次想像的飛行之後，我們暫時脫離了自己，（劇中主角）普洛斯彼羅／莎士比亞安慰我們，看起來：「你看起來確實很感動」和「就好像你看起來很沮喪一樣」；「你要開心一點……狂歡已經結束。我們的這些演員，如我曾言，原是一群精靈，都已經化為輕煙。浮生若夢，一生沉睡。」

　　這就是我在對量子物理學長時間的沉思冥想結束時的感受。物質世界的堅固性，似乎已經化為輕煙消散了，就像普洛斯彼羅的雲頂鐘塔和華麗的宮殿一樣。現實已經分裂成一場鏡像遊戲。

　　然而，我們並不是在談論吟遊詩人化身華麗的想像，以及其對於人類心靈的滲透。我們不是在處理想像力豐富的理論物理學家最新的瘋狂揣測。這是基於基礎物理的理性、實

證、嚴謹研究,而且引發了實質性的問題解決。這是人類迄今為止,發現最好的科學。基於現代科學技術,其可靠性是毋庸置疑的。

我認為現在是充分接受這種理論的時刻了,因為量子性質的討論,已經超出了理論物理學家和哲學家的限制範疇。理論物理學家和哲學家將其蜂釀精華進行蒸餾沉澱,甜蜜醉人,融入了整個當代文化*。

我希望我所寫的內容可以對此有所貢獻。

我們發現對於現實描述的術語,最好是交互作用、編織網絡事件。「實體」只不過是這種網絡中的短暫節點。他們直到這些交互作用,才會確定屬性;實體只會和其他事物產生關連性,才會存在。一切事物僅存於相對其他事物而言。

每一種景象都是片面的。我們沒有辦法看到現實,而不依賴於任何觀點——當然也沒有觀點是絕對的、普遍的。

然而,我們在觀點之間的交流,或是知識存在於自己和

---

* 當然,有很多想法多少會根據量子物理學,從中汲取靈感。我發現令人驚艷的是下列著作:Karen Barad's utilization of the ideas of Niels Bohr in Meeting the Universe Halfway (Durham: Duke University Press, 2007) and 'Posthumanist Performativity: Toward an Understanding of How Matter Comes to Matter', Signs: Journal of Women in Culture and Society, 28, 2003, pp. 801–31.

現實之間的對話。對話之中，那些觀點會進行修改，以臻豐富、融合，以及彌補我們現實中深入之不足。

這種過程的參與者，並不是自外於現實的主角，自其之外，也沒有任何超越性的觀點。過程中的參與者，都是現實本身的一部分。我們已經選擇接受教導，運用其中實用的相關性：有意義的資訊。我們對於現實的討論本身，就是現實的一部分。關係構成了我們中的「我」，作為我們的社會、文化、精神，以及政治生活的一部分。

我想正是因為這一種原因，幾個世紀以來，我們所做的一切目標已經實現，包括網絡交流和協作。這就是為什麼合作政治比競爭政治，更為明智，也更為有效……。

我相信，正是出於這種原因，個體的「我」，那個孤獨而叛逆的「我」，引導我走向了我年輕時肆無忌憚思考的問題，我所相信的那個自我完全獨立而且完全自由地……認識到自己。最終，我只是網絡之中的一絲漣漪……。

多年之前，這些問題引導我去研究物理學，藉以理解現實結構——了解大腦如何運作，了解我們如何了解現實——這個題目仍然非常開放。然而，我們還是在學習之中。物理學並沒有欺騙我，物理學已讓我深深著迷，讓我感到驚艷、困惑和不安；而且讓我相當著急，我在不眠之夜，看著黑暗

並且遁入思考:「但是真的可能嗎?我們能夠相信嗎?」這本書是由查斯拉夫和我在香港的南丫島上的岸邊,喃喃低語所開始的。

對我來說,物理學似乎是現實的結構和思想的結構兩者之間交織最近之處,這種交織的持續演化,正受到熱烈的測試。下一段旅程更加令人驚奇,更加冒險,也更超出我的預期。空間、時間、物質、思想,全部現實,在我眼前重新設計了自己,就像處在某種巨大的萬花筒。量子物理學對我們心理現實地圖的激進質疑,不僅僅是浩瀚宇宙之中偉大的歷史發現,甚至遠勝於愛因斯坦非凡的遠見。

套用泰恩的話來說,量子物理學形成的古典的世界觀,不再是確認的幻覺。此刻零碎和非實體的量子世界,乃是一種最符合現實的幻覺。

通過量子的發現,在我們所看到的世界願景之中,我有一種輕盈的感覺——包含了自由、幸福、明亮之感。「你確實看起來很感動,就好像你看起來很沮喪一樣。小夥子,你要開心一點……」

年輕時的好奇心,吸引我走向物理學,就像跟隨魔笛的孩子,讓我發現了更多超乎我想像的魔法城堡。量子理論在全世界的研究,係在北海聖島黑爾戈蘭島開啟,由一個年輕

人開展的量子之旅，對我來說似乎異常美麗。

　　歌德曾經描寫了黑爾戈蘭島——那個極端、風吹雨打的地方——這是地球上「體現了大自然無盡的魅力」的地方。在聖島可以體驗「世界精神」146。誰知道呢，也許就是這種精神和海森堡進行對話，協助他撥開了我們眼睛之前的迷霧……

　　每當我們對某件事情產生懷疑或是質疑時，透過揭密，讓我們看到比過去更遠的事物。在我看來，就像堅韌的岩石熔化成空氣一樣輕盈，我們短暫的生命正苦樂參半似的進行流動。

　　事物的相互聯繫，事物的反映了另一種事物，正閃耀著十八世紀的力學無法捕捉到的清冷光芒。

　　即使量子物理讓我們感到驚訝；即使量子物理給我們留下了深沉的神秘感。

致謝

感謝布魯（Blu）、伊曼紐拉（Emanuela）、李（Lee）、卡斯拉夫（Časlav）、吉南（Jenann）、泰德（Ted）、大衛（David）、羅伯托（Roberto）、西蒙（Simon）、尤金尼奧（Eugenio）、奧雷利安（Aurélien）、馬西莫（Massimo）、恩里科（Enrico），感謝為我所做之諸多事。感謝安德里亞（Andrea）對本書的初稿，提供寶貴的意見。本書獻給安娜貝爾（Annabel）、卡西亞娜（Casiana），以及山姆（Sam），你們是出色的團隊。我懷念薩米（Sami），感謝他賜給我的友誼，感謝吉多（Guido）為我點明了人生的道路。比爾（Bill）早在15年前，他是第一位聽到這些故事的人。感謝韋恩（Wayne）的洞察力，感謝克里斯（Chris）的慷慨，感謝安東尼諾（Antonino）的精彩建議。也向我的先父致敬，他在生前教會了許多至今仍然很有用的學問。感謝西蒙娜（Simone）和亞歷杭德

羅（Alejandro）匯集了全世界上最傑出的研究小組。給我的出色的學生們，也向我的物理學和哲學同事們致敬，這些年以來，我曾與大家討論過本書中的問題。獻給我出色的讀者們，當本書是一條線索，大家共同編織了一張神奇的關係網。

特別要感謝維爾納（Werner）和亞歷山大（Aleksandr），為我所做的這一切。

註釋

1. 這段話和隨後的引文，有關於最小適應，均取材自海森堡Der Teil und das Ganze (Munich: Piper, 1969)。

2. Niels Bohr, 'The Genesis of Quantum Mechanics', in Essays on Atomic Physics and Human Knowledge 1958–1962 (New York: Wiley, 1963), pp. 74–8.

3. Werner Heisenberg, 'Über quantentheoreYsche Umdeutung kinemaYscher und mechanischer Beziehungen', Zeitschrio für Physik, 33, 1925, pp. 879–93.

4. Max Born and Pascual Jordan, 'Zur Quantenmechanik', Zeitschrio für Physik, 34, 1925, pp. 858–88.

5. Paul Dirac, 'The Fundamental Equations of Quantum Mechanics', Proceedings of the Royal Society A, 109, 752, 1925, pp. 642–53.

6. 狄拉克了解到海森堡表是非交換式的，這讓他想起他在高級力學課程學到的帕松括號。當狄拉克73歲時，他回憶起命運中愉快的記憶，其影像聲音如下連結
   https://www.youtube.com/watch?
   v=vwYs8tTLZ24&ab_channel=RichardSmythe

7. Max Born, My Life: RecollecYons of a Nobel Laureate (London: Taylor and Francis, 1978), p. 218.

8. 演練技術的勝利如下 Wolfgang Pauli, 'Über das Wasserstoffspektrum vom Standpunkt der neuen Quantenmechanik', Zeitschrio für Physik, 36, 1926, pp. 336– 63。

9. 引 用 自 F. Laudisa, La realtà al tempo dei quanti: Einstein, Bohr e la nuova immagine del mondo (Turin: Bollati Boringhieri, 2019), p. 115.

10. Albert Einstein, Corrispondenza con Michele Besso (1903–1955) (Naples: Guida, 1995), p. 242.

11. Niels Bohr, 'The Genesis of Quantum Mechanics', op. cit., p. 75.

12. 用狄拉克的話來說:q 數。 用更現代的術語來說:算 子。下 一章定 義 方程式將繼續討論:代數的 非交換變量。

13. W. J. Moore, Schrödinger, Life and Thought (Cambridge: Cambridge University Press, 1989), p. 131.

14. Erwin Schrödinger, 'Quantisierung als Eigenwertproblem (Zweite Mitteilung)', Annalen der Physik, 384, 4, 1926, pp. 489–527.

15. 也就是說,將圖示近似反轉。

16. 起初他寫出了相對論方程式,並且確信方程式寫錯了。然後投入於 研究非相對極限,證明是正確的。Erwin Schrödinger, 'Quantisierung als Eigenwertproblem (Erste Mitteilung)', Annalen der Physik, 384, 4, 1926, pp. 361–76.

17. Erwin Schrödinger, 'Über das Verhältnis der Heisenberg-Born-Jordanschen Quantenmechanik zu der meinem', Annalen der Physik, 384, 5, 1926, pp. 734–56.

18. 在整本書中,我將 ψ 稱為波函數,即抽象量子態的量子基態,以希

爾伯特空間中的向量來表示。接下來,我考慮了其中區別,係為不相關。

19. George Uhlenbeck, quoted in A. Pais, 'Max Born's Statistical Interpretation of Quantum Mechanics', Science, 218, 1982, pp. 1193–8.
20. 引用自 Manjit Kumar, Quantum: Einstein, Bohr and the Great Debate about the Nature of Reality (London: Icon Books, 2008), p. 155.
21. 同上。p. 220。
22. Erwin Schrödinger, Nature and the Greeks and Science and Humanism (Cambridge: Cambridge University Press, 1996).
23. Max Born, 'Quantenmechanik der Stossvorgänge', Zeitschrift für Physik, 38, 1926, pp. 803–27.
24. $\psi(x)$ 的平方模組給定了機率密度,其粒子將在 x 點,而不是在任何地方會被觀察到。
25. 現在他們改變了規則,這已經變成了違反法則。
26. 同樣,海森堡的理論給定了我們的機率。根據之前的觀察機率,將會看到某些東西。
27. $B = 2h\nu^3 c^{-2}/(e^{h\nu/kt} - 1)$
28. Max Planck, 'Über eine Verbesserung der wienschen Spectraleichung', Verhandlungen der deutschen physikalischen Gesellschaft, 2, 1900, pp. 202–4.
29. $E = h\nu$.
30. Albert Einstein, 'Über einen die Erzeugung und Verwandlung des Lichtes betreffenden heuristischen Gesichtspunkt', Annalen der Physik, 322, 6, 1905, pp. 132–48.
31. 這是光電效應:某些金屬,照光會產生小電流。奇異的現象是低

頻、低強度的獨立光束，不會產生這種情況。愛因斯坦了解其原因，不管有多少個較低頻率，或是能量較少的光子，都無法從原子之中，提取電子。

32. Niels Bohr, 'On the Constitution of Atoms and Molecules', Philosophical Magazine and Journal of Science, 26, 1913, pp. 1–25.

33. Jim Baggott, Quantum Space: Loop Quantum Gravity and the Search for the Structure of Space, Time and the Universe (Oxford: Oxford University Press, 2019); Carlo Rovelli, Reality is Not What it Seems (London: Allen Lane, 2016).

34. 隨後發表於Niels Bohr, 'The Quantum Postulate and the Recent Development of Atomic Theory', Natures 121, 1928, pp. 580–90.

35. P. A. M. Dirac, The Principles of Quantum Mechanics (Oxford: Oxford University Press, 1930).

36. J. von Neumann, Mathematische Grundlagen der Quantenmechanik (Berlin: Springer, 1932).

37. J. Bernstein, 'Max Born and the Quantum Theory', American Journal of Physics, 73, 2005, pp. 999–1008.

38. P. A. M. Dirac, I principi della meccanica quantistica (Turin: Bollati Boringhieri, 1968); L. D. Landau and E. M. Lisfits, Meccanica quantistica (Rome: Editori Riuniti, 1976); R. Feynman, The Feynman Lectures on Physics, Vol. III (London: Addison-Wesley, 1970); La fisica di Berkeley, Vol. IV (Bologna: Zanichelli, 1973); A. Messiah, Quantum Mechanics, Vol. I (Amsterdam: North Holland Publishing, 1967).

39. 引用自A. Pais, Ritratti di scienziati geniali. I fisici del XX secolo (Turin: Bollati Boringhieri, 2007), p. 31.

40. Erwin Schrödinger, 'Die gegenwärtige Situation in der Quantenmechnik', Naturwissenschaften, 23, 1935, pp. 807–12.

41. 這就是為什麼我們無法在日常生活意識到量子力學。我們沒有看到干擾的影響，因此可以採用貓醒了，或是貓睡了的簡單事件，代替量子疊加說明了我們不知道貓睡著與否。干擾現象的抑制，以及大量變異數交互影響對象，是很容易理解的，稱為量子去相干性。

42. 許多書籍更加詳細地重現了這一次歷史性的討論。勞迪莎贊同愛因斯坦的直覺；我更跟隨波耳和海森堡的腳步，實例請參見the excellent Quantum by Manjit Kumar (op. cit.), and more recently La realtà al tempo dei quanti by Federico Laudisa (op. cit.).

43. D. Kaiser, How the Hippies Saved Physics: Science, Counterculture, and the Quantum Revival (New York: Norton, 2012).

44. 對於這種解釋的最新辯護，請參見Sean Carroll, Something Deeply Hidden: Quantum Worlds and the Emergence of Spacetime (New York: Dutton Books, 2019).

45. 為了定義和使用量子理論，只知道 ψ 波和薛丁格方程式是不夠的：我們需要給定一種觀測值的代數，否則我們無法計算與我們經驗的現象無關的任何東西。這種可觀測量的代數作用，在解釋之中非常清楚，但是在多重世界解釋之中，根本不清楚。

46. 玻姆理論的介紹和辯護請參見Quantum Mechanics and Experience by David Z. Albert (Cambridge, Mass., and London: Harvard University Press, 1992).

47. 我們與粒子相互作用的方式非常微妙，但是在理論的表述中，通常不是很清楚：測量儀器與電子波相互作用，但是測量儀器的波態，是由電子波數值所共同決定的。因此，波的演化取決於電子實際所

在的位置。

48. 還有另一種可能性：量子力學只是一種近似值，隱藏變量在其他情況之下有效自我揭示。目前，量子力學的預測修正，尚未出現。

49. 粒子集合的結構空間。

50. 這些理論有不同的版本，都有些人為操弄，並且不太完整。有兩種更為人們所熟知的具體機制：係由義大利物理學家吉安卡洛‧吉拉爾迪Giancarlo Ghirardi、阿爾貝托‧里米尼Alberto Rimini和圖利奧‧韋伯Tullio Weber，以及羅傑‧彭羅斯Roger Penrose所假設，當不同的時空結構之間的量子疊加之時，其結構超過了閾值，由重力引起坍塌。

51. C. Calosi and C. Mariani, 'Quantum Relational Indeterminacy', Studies in History and Philosophy of Science. Part B: Studies in History and Philosophy of Modern Physics, 71, 2020, pp. 158–69.

52. 更準確地說，數量 ψ 就像哈密頓—雅可比函數 S（古典力學中的哈密頓—雅可比方程式的解：這是一種計算工具，而不是視為真實的實體。基於證據觀察到哈密頓的 S 函數，實際上是古典波函數極限：$\psi \sim \exp iS/\hbar$。

53. 依費希特、謝林，以及黑格爾的意思。

54. 有關量子力學關係解釋的技術介紹，請參閱「關係量子力學」 Stanford Encyclopedia of Philosophy, E. N. Zalta (ed.), at:plato.stanford. edu/archives/win2019/entries/qm-relational/.

55. Niels Bohr, The Philosophical Writings of Niels Bohr (Woodbridge: Oxbow Press, 1998), Vol. IV, p. 111.

56. 我指的是那些變量的屬性：也就是說，那些由「相空間」上的函數描述的，而非由「不變量」性質所描述的，諸如粒子的「非相對質

量」之類的性質。

57. 一種事件對於一塊石頭來說，是真實的，如果作用於石頭，石頭改變了。如果一種事件對於石頭來說，是不真實的。即石頭墜落：干擾現象，不會發生。

58. 事件e1「相對於 A，但與 B 無關」，含義如下：e1 作用於 A，但是有一種事件e2可以作用於B，意即如果e1作用於B，則為不可能。

59. 第一位認識到ψ波關係特徵的是20世紀50年代中期的年輕美國博士論文，針對量子的討論，有很大的影響。Hugh Everett III. 'The Formulation of Quantum Mechanics Based on Relative States',

60. Anthony Aguirre, Cosmological Koans: A Journey to the Heart of Physical Reality (New York: Norton, 2019), Chapter 44.

61. Erwin Schrödinger, Nature and the Greeks and Science and Humanism, op. cit.

62. Carlo Rovelli, The First Scientist: Anaximander and his Legacy (Chicago: Whestholme, 2011).

63. Juan Yin et al., 'Satellite-based Entanglement Distribution over 1200 Kilometers', Science, 356, 2017, pp. 1140–44.

64. J. S. Bell, 'On the Einstein–Podolsky–Rosen Paradox', Physics Physique Fizika, I, 1964, pp. 195–200.

65. 貝爾的論點很微妙，非常具有技術性，但是很紮實。感興趣的讀者可以在以下位置找到大量詳細資訊：Stanford Encyclopedia of Philosophy: https://plato.stanford.edu/ entries/bell-theorem/.

66. 如果ψ1是物體的薛丁格波，ψ2 是第二種物體的波，直覺告訴我們，我們只需要知道ψ1和ψ2，以預測所有可能觀察到的兩種物體。但是這一種情況，並非如此。薛丁格的兩種物體共振的波，與

單獨兩種物體的波不同。這是一種包含其他資訊的複式資訊：量子可能之相關性，不能用兩種單獨波 ψ1 和 ψ2 來表示。形式上，兩種系統的狀態並不存在於兩種希爾伯特 H1⊕H2 的「張量之和」，而是在 H1⊗H2 的「張量之乘積」結果之中。兩種系統波函數的一般形式，在任何基數中都不是 ψ12(x1,x2) =ψ1(x1)ψ2(x2)，而是泛型函數 ψ12(x1,x2)，以下列量子疊加形式，呈現 ψ12(x1,x2) = ψ1(x1)ψ2(x2)。也就是說，上式包括了糾纏狀態。

67. 用分析哲學的語言來說，這種關係並不伴隨著單獨物體的狀態。其必然是外部性的，而非內部性的。

68. 其中的原因是在糾纏狀態 $|A\rangle \otimes |OA\rangle + |B\rangle \otimes |OB\rangle$，其中 A e B 是觀察到的屬性，OA 和 OB 是觀察者的相關變量，測量 A 坍塌造成系統進入狀態 $|A\rangle \otimes |OA\rangle$，因此稍後觀察者變量的測量，產生 OA。

69. 子系統希爾伯特空間的張量結構。

70. 這就是夏儂在《相關資訊》中給定的「相對資訊」的定義。他堅持認為其定義與心理學或語義學無關。介紹資訊論的古典著作如下：C. E. Shannon, 'A Mathematical Theory of Communication', Bell System Technical Journal, 27, 1948, pp. 379–423.

71. 這些假設被導入：Carlo Rovelli, 'Relational Quantum Mechanics', International Journal of Theoretical Physics, 35, 1996, pp. 1637–78; https://arxiv.org/abs/quant-ph/9609002.

72. 其相空間具有有限的萊歐維爾體積。每一種物理系統可以用相空間，計算近似有限體積。

73. 例如，如果您測量 1/2 自旋粒子的自旋，有兩種不同的方向。第一次測量結果知悉，如果預測未來旋轉測量方向，則和第二次測量的結果無關。

74. 與註釋70中引用的文章介紹類似，其想法見於：A. Zeilinger, 'On the Interpretation and Philosophical Foundation of Quantum Mechanics', Vastakohtien todellisuus. Festschrift for K. V. Laurikainen, U. Ketvel et al. (eds.) (Helsinki: Helsinki University Press, 1996); Č. Brukner and A. Zeilinger, 'Operationally Invariant Information in Quantum Measurements', Physical Review Letters, 83, 1999, pp. 3354–7.

75. 更準確地說：任何物理系統在相空間狀態之下的自由度，其精度都不能大於ℏ（常數ℏ具有「相空間」中體積的尺寸）。

76. Werner Heisenberg, 'Über den anschaulichen Inhalt der quantentheoretischen Kinematik und Mechanik', Zeitschrift für Physik, 43, 1927, pp. 172–98.

77. 起初海森堡和波耳以具體的方式解釋了測量了一項變量，會改變另外一項變量的事實：他們認為由於粒度，沒有任何測量能夠足夠精確到不用修改觀察到的對象。但是愛因斯坦堅持不懈地批判這一種想法，驅使他們深入探討更為精微的事理。海森堡原理並不是說明了位置和速度具有確定的數值，亦非我們無法同時知道兩者數值，因為量測一項數值，會修改另一項數值。這也意味著量子粒子無法完全確認其位置和速度。量子粒子只有在交互作用之中受到確定，其代價是造成了其中之一的變項，變得不確定。

78. 可觀測量形成非交換代數。

79. 「量子退相干」的現象很好地闡釋了這一項事實，由此可知，在量子干涉現象，看不到環境中充滿著變數。

80. 下列論文闡釋了這一點 Andrea Di Biagio and Carlo Rovelli, Relative Facts, Stable Facts, https://arxiv.org/abs/2006.15543.

81. 中心極限定理。在最簡單的版本之中，指出N個變量之和的波動，

通常增長為 $\sqrt{N}$ ，並且這意味著當 N 越大，$\sqrt{N}/N$ 量級的平均波動
為零。

82. V. Il'in, Materializm i empiriokriticizm (Moscow: Zveno, 1909); translated into English as. V. I. Lenin, Materialism and EmpirioCriticism: Collected Works of V. I. Lenin, Vol. 13 (Whitefish: Literary Licensing, LLC, 2011).

83. 引用文獻參見如下（雖然我不同意作者的某些結論）David Bakhurst, 'On Lenin's Materialism and Empiriocriticism', Studies in East European Thought, 70, 2018, pp. 107–19, https://doi.org/10.1007/s11212-018-9303-7.

84. A. Bogdanov, Empiriomonizm. Stat'i po filosofi (Moscow and St Petersburg: S. Dorovatovskij and A. Cˇarušnikov, 1904–1906); translated into English as Empiriomonism: Essays in Philosophy, Books I–III (Leiden: Brill, 2019).

85. 參見例證 D. G. Rowley, 'Alexander Bogdanov's Holistic World Picture: A Materialist Mirror Image of Idealism', Studies in East European Thought, 72(3), 2020, https://doi.org/10.1007/s11212-020-09395-x.

86. An acute summary of Mach's ideas and an interesting re-evaluation of his thought can be found in E. C. Banks, The Realistic Empiricism of Mach, James and Russell: Neutral Monism Reconceived (Cambridge: Cambridge University Press, 2014).

87. 「大西洋上空籠罩著低氣壓，向東移動到俄羅斯上空的高壓帶，尚未出現向北繞過這個高地之任何傾向。等溫線和等暑線如常。對應於年均溫，本日溫度亦對應於每月非週期性之溫度波動。日起月落、月相、金星相、土星環，以及許多其他重要的現象，都是依據

天文年鑑中的預測。空氣中的水蒸氣，處於最大張力狀態，而且濕
度很低。簡而言之，本報導精確描述了事實，即使有點過時：這是
1913年8月中美好的一天。」Robert Musil, The Man without Qualities
(1930–43), trans. Sophie Wilkins (London: Picador, 1995).

88. Friedrich Adler, Ernst Machs Überwindung des mechanischen Materialis-
mus (Vienna: Brand & Co., 1918).

89. Ernst Mach, Die Mechanik in ihrer Entwicklung historischkritisch
dargestellt (Leipzig: Brockhaus, 1883).

90. E. C. Banks, The Realistic Empiricism of Mach, James and Russell, op.
cit.

91. Bertrand Russell, The Analysis of Mind (London and New York: Allen &
Unwin/Macmillan, 1921), p. 10.

92. Aleksandr Bogdanov, 'Vera i nauka O knige V. Il'ina Materializm I
empiriokriticizm ', in Padenie velikogo fetišma (Sovremnnyj krizis
ideologi) [The Fall of a Great Fetishism (The Contemporary Ideological
Crisis)] (Moscow: S. Dorovatovskij and A. Čarušnikov, 1910). 亞歷山
大・波格丹諾夫對馬赫的思想進行了詳細討論，Priključenija odnoj
filosofskoj školy (St Petersburg: Znanie, 1908). 波格丹諾夫的英文作
品可以在以下位置找到：https://www.marxists.org/archive/bogdanov/
index.htm. See a full bibliography in https://monoskop.org/Alexander_
Bogdanov#Links.

93. 波普爾也按照類似的思路，嚴重誤讀了馬赫: Karl Popper,'A Note
on Berkeley as Precursor of Mach and Einstein', British Journal for the
Philosophy of Science, 4, 1953, pp. 26–36.

94. 「物質的唯一屬性是其哲學立場，唯物主義的聯繫在於其是客觀存在

的，存在於我們的頭腦之外。」(V. I. Lenin, Materialism and Empirio-Criticism, op. cit., Ch. V).

95. Ernst Mach, Die Mechanik in ihrer Entwicklung historischkritisch dargestellt, op. cit., p. 207.

96. 如果這還不夠，請重新閱讀第 4.9 段的腳註「歷史批判發展中的力學」（前引）：看來就像一位好學生對於愛因斯坦廣義相對論的基礎，所形成的想法的勤奮解釋。除此，本文書寫於 1883 年，愛因斯坦發表他的理論 32 年之前。

97. Bertram D. Wolfe, Three Who Made a Revolution: A Biographical History of Lenin, Trotsky and Stalin (Boston: Beacon Press, 1962), p. 517.

98. David Bakhurst, On Lenin's Materialism and Empiriocriticism, op. cit.

99. Douglas W. Huestis, 'The Life and Death of Alexander Bogdanov, Physician', Journal of Medical Biography, 4, 1996, pp. 141–7.

100. Brill, Bogdanov's Autobiography, https://brill.com/view/book/edcoll/9789004300323/front-7.xml.

101. David Bakhurst, On Lenin's Materialism and Empiriocriticism, op. cit.

102. Wu Ming, Proletkult (Turin: Einaudi, 2018).

103. K.S. Robinson, Red Mars, Green Mars, Blue Mars (New York: Spectra, 1993–96).

104. Douglas Adams, In memoriam, speech at Digital Biota 2, Cambridge, UK, September 1998, http://www.biota.org/people/douglasadams/index.html.

105. 例如，他針對愛因斯坦的意見的回應，反對理想實驗中的光的結果，是錯誤的。波耳援引廣義相對論，但這和問題無關，這是關於

兩種遙遠物體之間的糾纏。

106. Niels Bohr, The Philosophical Writings of Niels Bohr, op. cit., p. 11.

107. M. Dorato, 'Bohr Meets Rovelli: A Dispositionalist Account of the Quantum Limits of Knowledge', Quantum Studies: Mathematics and Foundations, 7, 2020, pp. 133–45; https:// doi.org/10.1007/ s40509-020-00220-y.

108. 對於亞里斯多德來說，關係是實體的屬性，屬於了朝向其他事物的物質特性(Categories, 7, 6a36–7). 對於亞里斯多德來說，在所有類別之中，關係性是具有「最少存有與現實」的類別(Metaphysics, 14, 1, 1088a22–4 and 30–35). 我們可以有不同的想法嗎？

109. Carlo Rovelli, 'Relational Quantum Mechanics', op. cit.; the entry 'Relational Quantum Mechanics' in Stanford Encyclopedia of Philosophy, op. cit.

110. B. C. van Fraassen, 'Rovelli's World', Foundations of Physics, 40, 2010, pp. 390–417; www.princeton.edu/~fraassen/abstract/ Rovelli_sWorld-Fin. pdf.

111. Michel Bitbol, De l'Intérieur du monde: Pour une philosophie et une science des relations (Paris: Flammarion, 2010). 關係量子力學將在第二章討論。

112. F.-I. Pris, 'Carlo Rovelli's Quantum Mechanics and Contextual Realism', Bulletin of Chelyabinsk State University, 8, 2019, pp. 102–7.

113. P. Livet, 'Processus et connexion', in S. Berlioz, F. Drapeau Contim and F. Loth (eds.), Le renouveau de la métaphysique (Paris: Vrin, 2020).

114. M. Dorato, 'Rovelli's Relational Quantum Mechanics, Anti-Monism, and Quantum Becoming', in A. Marmodoro and D. Yates (eds.), The

Metaphysics of Relations (Oxford: Oxford University Press, 2016), pp. 235–62; http://arxiv.org/abs/1309.0132.

115. 例如參見 S. French and J. Ladyman, 'Remodeling Structural Realism: Quantum Physics and the Metaphysics of Structure', Synthese, 136, 2003, pp. 31–56; S. French, The Structure of the World: Metaphysics and Representation (Oxford: Oxford University Press, 2014).

116. Laura Candiotto, 'The Reality of Relations', Giornale di Metafisica, 2, 2017, pp. 537–51; philsci-archive.pitt.edu/14165/.

117. M. Dorato, 'Bohr Meets Rovelli', op. cit.

118. J. J. Colomina-Aminana, A Formal Approach to the Metaphysics of Perspectives: Points of View as Access (Heidelberg: Springer, 2018).

119. A. E. Hautamäki, Viewpoint Relativism: A New Approach to Epistemological Relativism Based on the Concept of Points of View (Berlin: Springer, 2020).

120. S. French and J. Ladyman, 'In Defence of Ontic Structural Realism', in A.Bokulich and P. Bokulich (eds.), Scientific Structuralism (Dordrecht: Springer, 2011), pp. 25–42; J. Ladyman and D. Ross, Everything Must Go: Metaphysics Naturalized (Oxford: Oxford University Press, 2007).

121. J. Ladyman, 'The Foundations of Structuralism and the Metaphysics of Relations', in The Metaphysics of Relations, op. cit.

122. Michel Bitbol, De l'Intérieur du monde, op. cit.

123. L. Candiotto and G. Pezzano, Filosofia delle relazioni (Genoa: Il Nuovo Melangolo, 2019).

124. Plato, The Sophist, 247d–e.

125. Carlo Rovelli, The Order of Time, trans. Erica Segre and Simon Carnell

(London: Allen Lane, 2017).

126. E. C. Banks, The Realistic Empiricism of Mach, James and Russell, op. cit.

127. Nagarjuna, Mulamadhyamakakarika, trans. J. L. Garfield, The Fundamental Wisdom of the Middle Way: Nagarjuna's Mulamadhyamakakarika (Oxford: Oxford University Press, 1995).

128. Ibid., XVIII, 7.

129. E. C. Banks, The Realistic Empiricism of Mach, James and Russell, op. cit., Chapter 5, Conclusion.

130. Charles Darwin, On the Origin of Species by Means of Natural Selection (London: John Murray, 1859).

131.「為了某種目的，（可能）存在著所發生的事情，似乎是有組織性的，而實際上事物是隨機構築，並沒有充分組織化。正如恩培多克勒所說，他們都滅亡了。」(Aristotle, Physics, II, 8, 198b29.)

132. Ibid., II, 8, 198b35.

133. 本章修改自我的技術文章 'Meaning and Intentionality = Information + Evolution', in A. Aguirre, B. Foster and Z. Merali (eds.), Wandering towards a Goal (Cham: Springer, 2018), pp. 17–27. 這個案例想法的靈感來自於大衛‧沃爾波特於2016年在加拿大班夫舉行的「觀察者物理學」會議上發表的題目「觀察者取得資訊以保持系統之平衡」的演講。

134. 這裡的含義與馬丁‧海德格使用的含義接近Sein und Zeit, in Heidegger's Gesamtausgabe, Vol. ii, F.-W. von Herrmann (ed.), 1977.

135. David J. Chalmers, 'Facing Up to the Problem of Consciousness', Journal of Consciousness Studies, 2, 1995, pp. 200–219.

136. Jenann T. Ismael, The Situated Self (Oxford: Oxford University Press), 2007.
137. M. Dorato, 'Rovelli's Relational Quantum Mechanics, Anti-Monism, and Quantum Becoming', op. cit.
138. Thomas Nagel, 'What is It Like to be a Bat？', Philosophical Review, 83, 1974, pp. 435–50.
139. David Bakhurst, On Lenin's Materialism and Empiriocriticism, op. cit.
140. Thomas Nagel, Mind and Cosmos: Why the Materialist Neo Darwinian Conception of Nature is Almost Certainly False (Oxford: Oxford University Press, 2012).
141. 例如參考下文 A. Clark, 'Whatever Next？ Predictive Brains, Situated Agents, and the Future of Cognitive Science', Behavioral and Brain Sciences, 36, 2013, pp. 181–204.
142. D. Rudrauf et al., 'A Mathematical Model of Embodied Consciousness', Journal of Theoretical Biology, 428, 2017, pp. 106–31; K. Williford, D. Bennequin, K. Friston and D. Rudrauf, 'The Projective Consciousness Model and Phenomenal Selfhood', Frontiers in Psychology, 2018.
143. Hippolyte Taine, De l'Intelligence (Paris: Librairie Hachette, 1870), p. 13.
144. Aleksandr Bogdanov, Empiriomonizm, op. cit.; English trans., op. cit., p. 28.
145. 視覺與科學之間的關係是在「外觀與物理現實」的講座 https://lectures.dar.cam.ac.uk/video/100/appearance-and-physical-reality, forthcoming in the collection of Darwin College lectures, Vision (Cambridge: Cambridge University Press).

146. J. W. Goethe, letter to Kaspar von Sternberg, 4 January 1831; letter to Karl Friedrich Zelter, 24 October 1827, in Gedenkausgabe der Werke, Briefe und Gespräche, E.Beutler (ed.) (Zurich: Artemis, 1951), Vol. XXI, p. 958.

量子糾纏：黑爾戈蘭島的奇幻旅程
Helgoland:Making Sense of the Quantum Revolution

作　　者　卡羅‧羅維理（Carlo Rovelli）
譯　　者　方偉達
封面設計　周家瑤
內文構成　6 宅貓

國家圖書館出版品預行編目資料

量子糾纏：黑爾戈蘭島的奇幻旅程/卡羅.羅維理(Carlo
Rovelli)著；方偉達譯. -- 初版. -- 臺北市：聯利媒體股份
有限公司, 2024.04
　面；　公分
譯自：Helgoland:Making Sense of the Quantum Revolution
ISBN 978-626-97507-5-7(平裝)

1.CST: 量子力學 2.CST: 通俗作品

331.3　　　　　　　　　　　　　　113001732

出版策畫　陳文琦、劉文硯、詹怡宜
　　　　　聯利媒體股份有限公司 (TVBS Media Inc.)
　　　　　地址：114504 台北市內湖區瑞光路 451 號
　　　　　電話：02-2162-8168
　　　　　傳真：02-2162-8877
　　　　　http：//www.tvbs.com.tw
總製作人　楊樺
總校對　　范立達
Ｔ閱讀　　林芳穎、俞璟瑤
出版事務　蔣翠芳、朱蕙蓮
品牌行銷　戴天易、葉怡妏、黃聖涵、高嘉甫
行政業務　吳孟黛、趙良維、蕭誌偉、鄭語昕、高于晴、林子芸
法律顧問　TVBS 法律事務部
印製　　　一展彩色製版有限公司
發行　　　秀威資訊科技股份有限公司
　　　　　地址：114504 台北市內湖區瑞光路 76 巷 65 號 1 樓
　　　　　電話：+886-2-2796-3638
　　　　　http：//www.showwe.tw
　　　　　讀者服務信箱：service@showwe.tw
　　　　　網路訂購 / 秀威網路書店：https://store.showwe.tw

2024 年 05 月 20 日　一版二刷
定價　平裝新台幣 400 元（如有缺頁或破損，請寄回更換）
有著作權‧侵害必究　Printed in Taiwan
ISBN：978-626-97507-5-7